Inhaltsverzeichnis

1. Prozentrechnung

1.1 Grundbegriffe der Prozentrechnung verstehen

Seite 10 | Einstieg

Die ihm nach dem Kauf der CD verbliebene Hälfte (50 %) seines Taschengeldes teilt er erneut in zwei Teile (je 50%) auf, die jetzt jeweils ein Viertel bzw. 25 % seines Taschengeldes ausmachen. Einen Teil behält er für sich – das ist der Restbetrag von 5 € – und für die anderen 5 € kauft er das Geburtstagsgeschenk für seine Freundin.

Kai steht ein monatliches Taschengeld in Höhe von 10 € (50 %)+ 5 € (25 %) + 5 € (25 %) = 20 € (100 %) zur Verfügung.

Seite 11 | Aufgabe 1

a) G = 750 Schüler; W = x Schüler; p = 60 %

b) G = y Kinder; W = 40 Kinder; p = 60%

c) G = z €; W = 8 €; p = 5%

Seite 11 | Aufgabe 2

a) G = 400 €; p = 10 %

b) G = 400 €; W = 20 €

c) G = 500 ct; p = 20 %

d) W = 60 kg; p = 25 %

e) W = 150 €; p = 50 %

f) G = 30 Tore; W = 6 Tore

Seite 11 | Aufgabe 3

a) G = 10; W = 4; $p = \frac{4}{10} = 40\,\%$

b) G = 22; W = 11; $p = \frac{11}{22} = 50\,\%$

c) G = 22; W = 13; $p = \frac{13}{22} = 59{,}1\,\%$

d) G = 3; W = 2; $p = \frac{2}{3} = 66{,}7\,\%$

Seite 11 | Aufgabe 4

a) G = 1 100 km; W = 300 km; p = 27 %

b) G = 420 m^2; W = 168 m^2; p = 40 %

c) G = 2,5 kg; W = 500 g; p = 20 %

Seite 11 | Aufgabe 5

a)

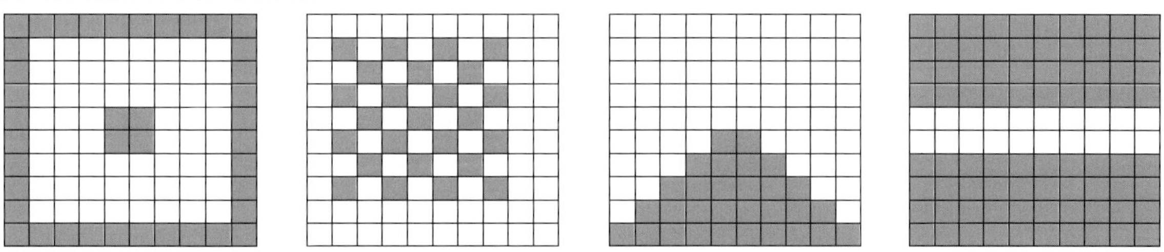

b) G = 100; W = 40; p = 40 %

G = 100; W = 25; p = 25 %

G = 100; W = 30; p = 30 %

G = 100; W = 80; p = 80 %

Seite 11 | Aufgabe 6

Prozentsatz	1 %	10 %	20 %	25 %	$33\frac{1}{3}$ %	50 %	$66\frac{2}{3}$ %	75 %
Bruchscheibweise	$\frac{1}{100}$	$\frac{1}{10}$	$\frac{1}{5}$	$\frac{1}{4}$	$\frac{1}{3}$	$\frac{1}{2}$	$\frac{2}{3}$	$\frac{3}{4}$
Dezimalbruchschreibweise	0,01	0,1	0,2	0,25	$0{,}3\overline{3}$	0,5	$0{,}6\overline{6}$	0,75

Seite 11 | Aufgabe 7

„Bequeme" Prozentsätze sind Prozentsätze, die durch einfache Brüche darstellbar sind:

$10\,\% = \frac{10}{100} = \frac{1}{10}$; ($\frac{1}{10}$ von 600 = 60)

$25\,\% = \frac{25}{100} = \frac{1}{4}$; ($\frac{1}{4}$ von 600 = 150)

$33\frac{1}{3}\,\% = \frac{1}{3}$; ($\frac{1}{3}$ von 600 = 200)

$66\frac{2}{3}\,\% = \frac{2}{3}$; ($\frac{2}{3}$ von 600 = 400)

$50\,\% = \frac{50}{100} = \frac{1}{2}$; ($\frac{1}{2}$ von 600 = 300)

$75\,\% = \frac{75}{100} = \frac{3}{4}$; ($\frac{3}{4}$ von 600 = 450)

Seite 12 | Aufgabe 8

Individuelle Lösung

Seite 12 | Aufgabe 9

	Klasse	4a	4b	4c
a)	Schwimmer	75 %	etwa 67 %	etwa 88 %
b)	Nichtschwimmer	5	7	3

Seite 12 | Aufgabe 10

a) G = 489 €; p = 9,31 % (etwa 10 %)
→ W = 45,50 € (etwa 48 €)

b) G = 410 € (etwa 400 €); W = 99 € (etwa 100 €)
→ p = 24,1 % (etwa 25 %)

c) W = 54 km (etwa 50 km); p = 18 % (etwa 20 %)
→ G = 300 km (etwa 250 km)

d) W = 162 kg (etwa 160 kg); p = 34,9 % (etwa $33\frac{1}{3}$ %)
→ G = 464,2 kg (etwa 480 kg)

e) G = 289 kg (etwa 300 kg); p = 67,5 % (etwa $66\frac{2}{3}$ %)
→ W = 195,1 kg (etwa 200 kg)

f) G = 146 Eier (etwa 150); W = 76 Eier (etwa 75)
→ p = 52,1 % (etwa 50 %)

Seite 12 | Aufgabe 11

Bei einer Prozentangabe legt man den Zahlenwert einer Größe als Grundwert fest und definiert diesen Wert als 100 %. Die Vergleichsgröße kann kleiner (< 100 %) oder auch größer sein (> 100 %) als die Ausgangsgröße (Grundwert) sein.
Beispiel: Eine stark reparaturbedürftige Straße wird von nur 30 Fahrzeuge pro Stunde befahren. Nach einer Grundsanierung der Fahrbahnoberfläche sind es dann 150 Fahrzeuge. Es benutzen heute fünfmal so viele Fahrzeuge (Prozentwert 150 Fahrzeuge) die Straße wie früher (Grundwert 30 Fahrzeuge ≙ 100 %). Der Prozentsatz beträgt in diesem Fall dann: $5 \cdot 100\,\% = 500\,\%$)

Seite 12 | Aufgabe 12

a) nein b) nein c) nein d) nein e) nein f) ja g) ja h) ja

Seite 12 | Aufgabe 13

a)	145 € ≙ 100 %; 10 € ≙ x %	→ x ≈ 6,9 %	Die Ersparnis beträgt 6,9 %.
b)	100 % ≙ 189 €; 90 % ≙ x €	→ x ≈ 170 €	Der Sessel kostet dann 170 €.
c)	25 M/J ≙ 100 %; 11 J ≙ x %	→ x = 44 %	Die Klasse besteht zu 44 % aus Jungen.
d)	60 % ≙ 15 000 €; 100 % = x €	→ x = 25 000 €	Der Anschaffungspreis betrug 25 000 €.

Seite 12 | Aufgabe 14

a) W = 3; p = 25 %; G = 12

b) W = 4; p = 20 %; G = 20

c) W = 4; p = $63\frac{2}{3}$; G = 6

d) W = 12; p = 120 %; G = 10

Seite 12 | Aufgabe 15

a) Je größer der Prozentsatz, umso größer der Prozentwert bei gleichem Grundwert.
b) Je größer der Grundwert, umso kleiner der Prozentsatz bei gleichem Prozentwert
c) Je kleiner der Prozentwert, umso kleiner der Grundwert bei gleichem Prozentsatz.

1.2 Prozentwerte berechnen

Seite 13 | Einstieg

Laura hat die 20 % nicht in das Verhältnis zum Gesamten gesetzt. (Insgesamt sind es 20 Fehler.)
Der Prozentwert zu 20 % sind 4 Fehler. Michael hatte 16 Fehler in der zweiten Testarbeit, denn: 20 – 4 = 16

Seite 13 | Aufgabe 1

Es sind18 Personen im Sportverein, denn: $\frac{30 \cdot 60}{100} = 18$

Seite 13 | Aufgabe 2

a) W = 42 kg b) W = 7 € c) W = 8 m d) W = 10,5 g

Seite 13 | Aufgabe 3

a) W = 5,7 t b) W = 201 ml c) W = 49 min d) W = 27,3 g
e) W = 6,9 kg f) W = 0,30 € g) W = 36 km h) W = 1,8 min

Seite 14 | Aufgabe 4

a) 120; 1 248; 2 184 b) 7,5; 78; 136,5 c) 1,5; 15,6; 27,3 d) 212,5; 2 210; 3 867,5
e) 2,55; 26,52; 46,41 f) 10,85; 112,84; 197,47 g) 25,65; 266,76; 466,83 h) 0,525; 5,46; 9,555

Seite 14 | Aufgabe 5

a) Es sind $\frac{120 \cdot 20}{100} = 24$ g Fett enthalten.

b) Bus: $\frac{720 \cdot 20}{100} = 144$ Schüler Fahrrad: $\frac{720 \cdot 15}{100} = 108$ Schüler Fußgänger: $\frac{720 \cdot 65}{100} = 468$ Schüler

Seite 14 | Aufgabe 6

Max erhielt 26 Punkte, denn: $\frac{40 \cdot 65}{100} = 26$

Seite 14 | Aufgabe 7

7 000 t Magnetit enthalten 5 040 t Eisen, denn $\frac{7000 \cdot 72}{100} = 5\,040$

Seite 14 | Aufgabe 8

Zur Landeshauptstadt Magdeburg gehören etwa 200 km², denn: $\frac{20452 \cdot 0{,}98}{100} \approx 200{,}4$

Seite 14 | Aufgabe 9

Die Beträge sind gleich groß, denn: $\frac{80 \cdot 70}{100} = 56$ und $\frac{70 \cdot 80}{100} = 56$

Seite 14 | Aufgabe 10

a) $700:5 = 140$
$\frac{707 \cdot 19}{100} = 134{,}33$ €

b) Ü: $510:3 = 170$
$\frac{519 \cdot 31{,}7}{100} = 164{,}52$ kg

c) Ü: $(70:5) \cdot 4 = 56$
$\frac{69 \cdot 82}{100} = 56{,}58\ m^2$

d) Ü: $150:2 = 75$
$\frac{150 \cdot 48{,}9}{100} = 73{,}35$ m

e) Ü: $600:10 = 60$
$\frac{589 \cdot 8{,}9}{100} = 52{,}42$ €

f) Ü: $(480:4) \cdot 3 = 360$
$\frac{487 \cdot 73{,}8}{100} = 359{,}42$ kg

g) Ü: $900:5 = 180$
$\frac{899 \cdot 17{,}8}{100} = 160{,}02\ cm^3$

h) Ü: $4:2 = 2$
$\frac{3{,}8 \cdot 53{,}98}{100} = 2{,}05$ km

i) Ü: $222 + 22 = 244$
$\frac{222 \cdot 111}{100} = 246{,}42$ m

Seite 14 | Aufgabe 11

Durch Sachsen-Anhalt verlaufen 329,4 km des Elbe-Radweges, denn: $\frac{1220 \cdot 27}{100} = 329{,}4$

Seite 14 | Aufgabe 12

a) Das Goethe-Gymnasium hat 660 Schüler ($\frac{231 \cdot 100}{35} = 660$), im Sportverein trainieren regelmäßig 264 Schüler ($\frac{660 \cdot 40}{100} = 264$), einen eigenen Computer besitzen 561 Schüler ($\frac{660 \cdot 85}{100} = 561$)

b) Die Summe ist größer als 100 %. Die Angaben zu den Schülern „überschneiden" sich.

1.3 Grundwerte berechnen

Seite 15 | Einstieg

Der Tagesbedarf an Zucker beträgt 92,3 g, denn: $\frac{12 \cdot 100}{13} = 92{,}3$

Seite 15 | Aufgabe 1

a) 500 kg ($\frac{80 \cdot 100}{16} = 500$)
b) 150 ha ($\frac{90 \cdot 100}{60} = 150$)
c) 300 t ($\frac{36 \cdot 100}{12} = 300$)
d) 2 000 s ($\frac{5 \cdot 100}{0{,}25} = 2\,000$)
e) 200 min ($\frac{280 \cdot 100}{140} = 200$)
f) 210 € ($\frac{231 \cdot 100}{110} = 210$)

Seite 15 | Aufgabe 2

	W \ p	50 %	25 %	10 %	75 %	$33\frac{1}{3}$ %	$66\frac{2}{3}$ %	200 %
a)	120 kg	240 kg	480 kg	1 200 kg	160 kg	360 kg	180 kg	60 kg
b)	360 kg	720 kg	1 440 kg	3 600 kg	480 kg	1 080 kg	540 kg	180kg
c)	720 €	1 440 €	2 880 €	7 200 €	960 €	2 160 €	1080 €	360 €
d)	7,2 ha	14,4 ha	28,8 ha	72 ha	9,6 ha	21,6 ha	10,8 ha	3,6 ha

Seite 16 | Aufgabe 3

a) Das Grundstück hat eine Größe von 304 m^2, denn: $\frac{38 \cdot 100}{12{,}5} = 304$

b) Die Gartenfläche hat eine Größe von 600 m^2, denn: $\frac{180 \cdot 100}{30} = 600$

c) Der Regenauffangbehälter fasst 800 Liter, denn: $\frac{240 \cdot 100}{30} = 800$

d) Liam verfügt über ein Taschengeld von 17 €, denn: $\frac{2{,}55 \cdot 100}{15} = 17$

Seite 16 | Aufgabe 4

a) 45,5 m ($\frac{10 \cdot 100}{22} = 45{,}5$)
b) Der Mensch hätte ein Gewicht von 80 kg ($\frac{56 \cdot 100}{70} = 80$)

Seite 16 | Aufgabe 5

a) 28 €; 140 €; 70 €; 152 €
b) 50 m; 60 kg; 25 m; 30 cm

Seite 16 | Aufgabe 6

Der Grundpreis beträgt 940,00 €. ($\frac{423{,}00 \cdot 100}{45} = 940{,}00$)

Seite 16 | Aufgabe 7

Die bisherige Miete betrug 611,00 €. ($\frac{36{,}66 \cdot 100}{6} = 611{,}00$)

Seite 16 | Aufgabe 8

Die Aussage ist nicht wahr.
Bei einem Grundwert von = 100 € (Preis ohne Mehrwertsteuer) und einem Prozentsatz von 19 % (Mehrwertsteuer) ergibt sich ein Prozentwert von 119,00 € (Preis mit Mehrwertsteuer). ($\frac{100{,}00 \cdot 119}{100} = 119{,}00$)

Seite 16 | Aufgabe 9

a) Die Kamera kostete ursprünglich 80,00 €. ($\frac{20{,}00 \cdot 100}{25} = 80{,}00$)

b) Die Grundgebühr für Wasser beträgt vor der Erhöhung 75,00 €. ($\frac{15{,}00 \cdot 100}{20} = 75{,}00$)

Die Grundgebühr für Wasser beträgt nach der Erhöhung 90,00 €. ($\frac{75{,}00 \cdot 120}{100} = 90{,}00$ / $75{,}00 + 15{,}00 = 90{,}00$)

Seite 16 | Aufgabe 10

2012 betrugen die monatlichen Konsumausgaben je Haushalt 2 341,18 €. ($\frac{796{,}00 \cdot 100}{34} = 2\,341{,}18$)

Seite 16 | Aufgabe 11

Frau Wilhelm hatte vor der Gehaltserhöhung ein Gehalt von 1 940,00 €. ($\frac{2027{,}30 \cdot 100}{104{,}5} = 1\,940{,}00$)

1.4 Prozentsätze berechnen

Seite 17 | Einstieg

Anna hat nicht Recht. Die absolute Zahl der Teilnehmer lag bei dem Müntzer-Gymnasium höher, jedoch prozentual gesehen waren es mit 5 % der Schüler beider Gymnasien gleich viele Teilnehmer.

Seite 17 | Aufgabe 1

Es wurden 45 % der Pkw exportiert. ($\frac{685\,800 \cdot 100}{1\,524\,000} = 45$)

Seite 17 | Aufgabe 2

a) 1 % ($\frac{7 \cdot 100}{700}$)
b) 5 % ($\frac{6 \cdot 100}{120}$)
c) 20 % ($\frac{10 \cdot 100}{50}$)
d) 2,5 % ($\frac{7 \cdot 100}{280}$)
e) 20 % ($\frac{15 \cdot 100}{75}$)
f) 20 % ($\frac{3 \cdot 100}{15}$)
g) 20 % ($\frac{12 \cdot 100}{60}$)
h) 12,5 % ($\frac{2 \cdot 100}{16}$)
i) 0,1 % ($\frac{1 \cdot 100}{1000}$)

Seite 18 | Aufgabe 3

a) 5 % ($\frac{6 \cdot 100}{120}$)
b) 30 % ($\frac{240 \cdot 100}{800}$)
c) 15 % ($\frac{22{,}5 \cdot 100}{150}$)
d) $4{,}1\overline{6}$ % ($\frac{120 \cdot 100}{480 \cdot 60}$)
e) 10 % ($\frac{450 \cdot 100}{4500}$)
f) 50 % ($\frac{16 \cdot 100}{32}$)

Seite 18 | Aufgabe 4

Die praktische Prüfung müssen 5 % der Prüflinge wiederholen. ($\frac{3 \cdot 100}{60} = 5$)

Seite 18 | Aufgabe 5

2013 lebten in Sachsen-Anhalt 2,7 % der Einwohner der BRD. ($\frac{2{,}2 \cdot 100}{80{,}8} = 2{,}7$)

Seite 18 | Aufgabe 6

Die Fläche der BRD beträgt etwa 3,5 % der Fläche Europas. ($\frac{357\,340 \cdot 100}{10\,180\,000} = 3{,}5$)

Seite 18 | Aufgabe 7

a) 60,7 % ($\frac{289 \cdot 100}{476}$)
b) 17,3 % ($\frac{38 \cdot 100}{220}$)
c) 4,6 % ($\frac{136 \cdot 100}{2989}$)
d) 3,3 % ($\frac{2 \cdot 100}{60}$)
e) 42,9 % ($\frac{3 \cdot 100}{7}$)
f) 1450 000 % ($\frac{14\,500 \cdot 100}{1}$)
g) 3,5 % ($\frac{0{,}035 \cdot 100}{1}$)
h) 2,2 % ($\frac{0{,}067 \cdot 100}{3}$)
i) 12 % ($\frac{0{,}12 \cdot 100}{1}$)

Seite 18 | Aufgabe 8

G = 3 249 Dorfbewohner
W = 1 763 Dorfbewohner
Dafür gestimmt haben 54,3 %. ($\frac{1763 \cdot 100}{3249} = 54{,}3$)

Seite 18 | Aufgabe 9

Ninas Behauptung ist falsch. Bei Reduzierung der Seitenlänge auf $\frac{1}{10}$ reduziert sich der Flächeninhalt auf $\frac{1}{100}$, also auf 1 %.

Seite 18 | Aufgabe 10

Der Zinkanteil beträgt 23 %. ($\frac{46 \cdot 100}{200} = 23$)

Seite 18 | Aufgabe 11

Anteil der durch 5 teilbaren Zahlen: 20 % ($\frac{20 \cdot 100}{100} = 20$)
Anteil der durch 9 teilbaren Zahlen: 11 % ($\frac{11 \cdot 100}{100} = 11$)

Seite 18 | Aufgabe 12

a) Weder Tanja noch Irina: Aus der 7a nehmen 5 Personen am Französischunterricht teil, von der 7 b sind es 8 Personen, das sind insgesamt 28,9 %: $\frac{(5 + 8) \cdot 100}{25 + 20} = 28{,}9$

b) Bei gleichen Klassenstärken wäre Irinas Aussage wahr: $\frac{\left(\frac{x \cdot 20}{100} + \frac{x \cdot 40}{100}\right) \cdot 100}{2 \cdot x} = \frac{60\,x}{2\,x} = 30$ %

1.5 Veränderungen beschreiben und berechnen

Seite 19 | Einstieg

Eine Lohnsteigerung um 2,9 % würde bei einem Gehalt von 1850 € einem Betrag von 53,65 € entsprechen. ($\frac{1850{,}00 \cdot 2{,}9}{100} = 53{,}65$)

Der Lohn erhöht sich auf den Gesamtbetrag von 1903,65 €. (1850,00 € + 53,65 € = 1903,65 €)

Der Lohn erhöht sich auf einen Prozentsatz von 102,9 %. (100 % + 2,9 % = 102,9 % / $\frac{1903{,}65 \cdot 100}{1850{,}00} = 102{,}9$ %)

Seite 20 | Aufgabe 1

a) um 14,97 € ($\frac{49{,}90 \cdot 30}{100} = 14{,}97$) b) wurde auf 34,93 € (49,90 – 14,97 = 34,93)

Seite 20 | Aufgabe 2

	a)	b)	c)	d)	e)	f)	g)
Ursprünglicher Wert	65,00 €	75,0 t	5,00 m	600 hl	200 €	25 m^2	20 ha
Senkung um x %	10 %	20 %	25 %	30 %	25 %	90 %	50 %
Senkung auf y %	90 %	80 %	75 %	70 %	75 %	10 %	50 %
Senkungswert	6,50 €	15 t	1,25 m	180 hl	50 €	22,5 m^2	10 ha
Neuer Wert	58,50 €	60 t	3,75 m	420 hl	150 €	2,5 m^2	10 ha

Seite 20 | Aufgabe 3

a) (1) Der Wert wurde von 100 % um 10 % auf 90 % des ursprünglichen Wertes gesenkt.
(2) Der Wert wurde von 65,00 € um 6,50 € auf 58,5 € gesenkt.

b) (1) Der Wert wurde von 100 % um 20 % auf 80 % des ursprünglichen Wertes gesenkt.
(2) Der Wert wurde von 75,0 t um 15 t auf 60 t gesenkt.

c) (1) Der Wert wurde von 100 % um 25 % auf 75 % des ursprünglichen Wertes gesenkt.
(2) Der Wert wurde von 5,00 m um 1,25 m auf 3,75 m gesenkt.

d) (1) Der Wert wurde von 100 % um 30 % auf 70 % des ursprünglichen Wertes gesenkt.
(2) Der Wert wurde von 600 hl um 180 hl auf 420 hl gesenkt.

e) (1) Der Wert wurde von 100 % um 25 % auf 75 % des ursprünglichen Wertes gesenkt.
(2) Der Wert wurde von 200 € um 50 € auf 150 € gesenkt.

f) (1) Der Wert wurde von 100 % um 90 % auf 10 % des ursprünglichen Wertes gesenkt.
(2) Der Wert wurde von 25 m^2 um 22,5 m^2 auf 2,5 m^2 gesenkt.

g) (1) Der Wert wurde von 100 % um 90 % auf 10 % des ursprünglichen Wertes gesenkt.
(2) Der Wert wurde von 20 ha um 10 ha auf 10 ha gesenkt.

Seite 21 | Aufgabe 4

a) Steigerung um 10,5 % ($\frac{0{,}20 \cdot 100}{1{,}90} = 10{,}5$) b) Preissteigerung auf 110,5 %

Seite 21 | Aufgabe 5

a) Verringerung um 8,3 % ($\frac{12 \cdot 100}{144} = 8{,}3$) b) Verringerung auf 91,7 %

Seite 21 | Aufgabe 6

	a)	b)	c)	d)	e)
Ursprünglicher Wert	88,00 €	75,0 t	5,50m	540 m^2	150 €
Senkung um	8,00 €	25 t	0,25 m	30 m^2	75 €
Senkung um x %	9,1 %	33,3 %	4,5 %	5,6 %	50 %
Senkung auf y %	90,9 %	66,7 %	95,5 %	94,4 %	50 %
Neuer Wert	80,00 €	50 t	5,25 mm	510 m^2	75 €

Seite 22 | Aufgabe 7

a) 24,37 € b) 112,15 € c) 310,92 € d) 933,64 €

Seite 22 | Aufgabe 8

a) 34,51 € b) 128,40 € c) 440,30 € d) 1 068,93 €

Seite 22 | Aufgabe 9

a) 63,40 € b) 33,4 % c) 7,97 €

Seite 22 | Aufgabe 10

a) 86,3 % b) 92,6 % c) 31,6 % €

Seite 22 | Aufgabe 11

a) Vor 10 Jahren betrug der Preis pro Kilowattstunde durchschnittlich 18,9 ct. ($\frac{28 \cdot 100}{148} = 18{,}9$)

b) Der Durchschnittspreis stieg in den letzten 10 Jahren von 18,9 ct um 48 % auf 28 ct.

Seite 22 | Aufgabe 12

a) 29,40 € b) 53,40 € c) 38,99 €

Seite 22 | Aufgabe 13

a) 4,07 € b) 17,81 € c) 7,35 € d) 21,72 € e) 58,62 €

Seite 22 | Aufgabe 14

2013 gab es in Sachsen-Anhalt 7,13 Millionen Übernachtungen. ($\frac{7{,}43 \cdot 100}{104{,}2} = 7{,}13$)

Seite 23 | Aufgabe 15

Die gesuchten Werte können in der genannten Weise tatsächlich unmittelbar berechnen:

Der reduzierte Preis für das Fahrrad beträgt 339,15 €. ($\frac{399 \cdot 85}{100} = 339{,}15$)

Die Mitgliederzahl des Reitvereins erhöhte sich auf 109,4 %. ($\frac{105 \cdot 100}{96} = 109{,}4$)

Seite 23 | Aufgabe 16

Aufgabe 1:
Lina hat die Maßeinheiten m und cm nicht beachtet.
525 cm ≙ 100 % → 25 cm ≙ $\frac{25 \cdot 100}{525} = 4{,}8$ %
David verbesserte sich um 4,8 %.

Aufgabe 2: Max hat richtig gerechnet, jedoch die Gleichung in der letzten Zeile nicht richtig geschrieben.
100 % ≙ 19,90 € → 81 % ≙ $\frac{19{,}90 \cdot 81}{100} = 16{,}12$ €
Das T-Shirt kostet ohne Mehrwertsteuer 16,12 €.

Seite 23 | Aufgabe 17

Es waren 2,5 kg frische Pilze notwendig. ($\frac{500 \cdot 100}{20} = 2500$)

Seite 23 | Aufgabe 18

1. Lohnsteigerung: Ausgangslohn L_0; $L_1 = \frac{L_0 \cdot 102{,}1}{100}$

2. Lohnsteigerung: Ausgangslohn L_1; $L_2 = \frac{\frac{L_0 \cdot 102{,}1}{100} \cdot 102{,}9}{100} = \frac{L_0 \cdot 105{,}06}{100}$

Insgesamt ergeben die beiden Lohnsteigerungen eine Steigerung um 5,06 %.

Seite 23 | Aufgabe 19

a) 1804 lebten nur halb so viele Menschen wie 1927 auf der Erde: 1 Milliarde Menschen
Von 1804 bis 1927 verdoppelte sich die Weltbevölkerung, sie wuchs also um 100 %.

b) Von 1927 bis 1999 stieg die Weltbevölkerung von 2 Milliarden auf 6 Milliarden an.
Das ist ein Wachstum von $\frac{6 \cdot 100}{2} = 300$ %.

c) Von 1974 bis zum Jahreswechsel 2014/15 stieg die Weltbevölkerung von 4 Milliarden auf 7,28 Milliarden an.
Das ist ein Wachstum von $\frac{7{,}28 \cdot 100}{4} = 182$ %.

Seite 23 | Aufgabe 20

Die Aussagen von Elisa sind falsch. Eine Vergrößerung der Seitenlänge a um 10 % bedeutet: $\frac{11}{10}a = 1{,}1\,a$

Änderung u: $u = 2(a + b) \rightarrow u' = 2 \cdot (1{,}1\,a + 1{,}1\,b) = 1{,}1 \cdot 2(a + b) = 1{,}1 \cdot u$
Der Umfang vergrößert sich auf 110 % beziehungsweise um 10 %

Änderung A: $A = a \cdot b \rightarrow A' = 1{,}1\,a \cdot 1{,}1\,b = 1{,}21\,a \cdot b = 1{,}21\,A$
Der Flächeninhalt vergrößert sich auf 121 % beziehungsweise um 21 %.

Seite 23 | Aufgabe 21

Die Aussage von Alina ist richtig.

Erhöhung des Taschengeldes um 20 % auf 120 % also auf 6 €. ($\frac{5 \cdot 120}{100} = 5 \cdot 1{,}2 = 6$)

Der Faktor 1,2 tritt nach fünf Erhöhungen 5-mal auf, also 5 € $\cdot\, 1{,}2^5$

1.6 Zinsen berechnen

Seite 24 | Einstieg

Alina müsste bei einem Zinssatz von 10 % der Bank 20,00 € zahlen. ($\frac{200 \cdot 10}{100} = 20{,}00$)

Seite 24 | Aufgabe 1

a) 160,70 € b) 385,68 € c) 642,80 € d) 2410,50 € e) 4821,00 €

Seite 25 | Aufgabe 2

Kapital in Euro	120,00	210,00	2 000,00	300,00	1550,00	23 470,00
Zinssatz p. a.	5 %	1,2 %	1,5 %	1,3 %	1,3 %	2,1 %
Jahreszinsen in Euro	6,00	2,52	30,00	3,90	20,15	492,87

Seite 26 | Aufgabe 3

Kapital in €Euro	1400	5900	1500	350	3400	720
Zinssatz p. a.	1,7 %	1,4 %	2,4 %	2,0 %	1,8 %	1,4 %
Zeitraum	7 Monate	125 Tage	9 Monate	300 Tage	15 Monate	710 Tage
Zinsbetrag in Euro	13,88	28,68	27,00	5,83	76,50	19,88

Seite 26 | Aufgabe 4

Kapital in €	3400	880	1200	1500	1450	2000
Zinssatz p. a.	2 %	1 %	1,5 %	1,6 %	1,2 %	1,8 %
Jahreszinsen	68,00	8,80	18,00	24,00	17,40	36,00
Zinsen für 125 Tage in €	23,61	3,06	6,25	8,33	6,04	12,50
Zinsen für 7 Monate in €	39,67	5,13	10,50	14,00	10,15	21,00

Seite 26 | Aufgabe 5

a) nach 2 Monaten b) nach 5 Monaten c) nach 11 Monaten d) nach 15 Monaten

Seite 26 | Aufgabe 6

Er erhält am Jahresende 9,45 € Zinsen. ($\frac{500 \cdot 1{,}5}{100} \cdot \frac{6}{12} + \frac{760 \cdot 1{,}5}{100} \cdot \frac{6}{12} = 9{,}45$)

Seite 26 | Aufgabe 7

Das Kapital ergibt sich aus dem Anfangskapital plus den Zinsen des Anfangskapitals (im Beispiel: p = 5 %).

$K = K_A + \frac{K_A \cdot 5}{100} = K_A\left(1 + \frac{5}{100}\right) = K_A \cdot 1{,}05$

Seite 27 | Aufgabe 8

Das Endkapital beträgt nach 9 Jahren 53,78 €. ($K_9 = 45 \cdot 1{,}02^9 = 53{,}78$)

Seite 27 | Aufgabe 9

a) jähliche Zinsen: $\frac{500 \cdot 2{,}5}{100} = 12{,}50$ € Auszahlungsbetrag: 500,00 € + 6 · 12,50 € = 575,00 €

b) $500\text{ €} \cdot 1{,}025^6 = 579{,}85$ €

Seite 27 | Aufgabe 10

a)

Kapital	Zinssatz	Jahreszinsen
300,00 €	2,5 %	7,50 €
500,00 €	1,9 %	9,50 €
850,00 €	1,8 %	15,30 €

b)

Kapital	800,00 €	750,00 €	1000,00 €	900,00 €
Jahreszinssatz	2 %	1,5 %	2,4 %	4 %
Laufzeit	1119 Tage	7 Monate	30 Tage	4 Monate
Zinsen	49,73 €	6,56 €	2,00 €	12,00 €

c) (1) Zinsen: $3 \cdot \frac{500 \cdot 2{,}2}{100} = 33{,}00$ € (2) Zinsen: $500{,}00 \cdot 1{,}022^3 - 500{,}00 = 33{,}73$ €

Seite 28 | Aufgabe 11

Der Zinssatz für den Kredit beträgt 8,9 %. ($\frac{890 \cdot 100}{10\,000} = 8{,}9$)

Seite 28 | Aufgabe 12

Ina hat nicht recht. Bei der monatlichen Ausschüttung der Zinsen werden auch diese wiederum mitverzinst, was zu einer etwas höheren Kapitalsumme führt als bei Verzinsung p. a.

Seite 28 | Aufgabe 13

435,09 € (406,19 €; 470,37 €)

Seite 28 | Aufgabe 14

a) Nach 6 Jahren beträgt das Guthaben 5 499,55 €. ($K_3 = 5\,000 \cdot 1{,}014^3 = 5\,212{,}95$; $K_3 = 5\,212{,}95 \cdot 1{,}018^3 = 5\,499{,}55$)

b) Nach 6 Jahren ist das Guthaben gleich. ($K_3 = 5\,000 \cdot 1{,}018^3 = 5\,274{,}89$; $K_3 = 5\,274{,}89 \cdot 1{,}014^3 = 5\,499{,}55$)

Seite 28 | Aufgabe 15

a) Angebot A: $K_2 = 10\,000 \text{ €} \cdot 1{,}011^2 = 10\,221{,}21 \text{ €}$; $K_5 = 10\,221{,}21 \text{ €} \cdot 1{,}02^3 = 10\,846{,}93 \text{ €}$

Angebot B: $K_6 = 10\,000 \text{ €} \cdot 1{,}018^5 = 10\,932{,}99 \text{ €}$

Angebot B ist die besser Wahl.

b) $K_6 = 10\,500 = 7\,000 \cdot \left(1 + \frac{p}{100}\right)^6 \rightarrow p = \left(\sqrt[6]{\frac{10\,500}{7\,000}} - 1\right) \cdot 100 = 6{,}99$

Jan's Onkel erzielte bei dem Oldtimer-Geschäft einen vergleichsweise hohen Zinssatz von 6,99 % p.a. Wertanlagengeschäfte sind eher riskante Geschäfte. Niemand kann vorhersehen, wie sich die Wertentwicklung langfristig gestaltet, Preise ändern sich mit veränderter Wirtschaftslage.

Seite 28 | Aufgabe 16

a) Nach 12 Jahren ist der Betrag auf über 1250 € angewachsen. ($K_n = K_0 \cdot q^n \rightarrow n = 11{,}27$)

b) Katja berechnet den jährlichen Wertzuwachs. Nach 12-maligem Drücken der Taste erscheint ein Wert größer als 1250 €.

Seite 28 | Aufgabe 17

a) Monatszinsen: $Z_m = \frac{K_m \cdot p \cdot 1}{100 \cdot 12}$

Kapital nach 1 Monat: $K_1 = K_0 + Z_0 = K_0 + \frac{K_0 \cdot p}{100 \cdot 12} = K_0 \cdot \left(1 + \frac{p}{100 \cdot 12}\right)$

Kapital nach 2 Monaten: $K_2 = K_1 + Z_1 = K_1 + \frac{K_1 \cdot p}{100 \cdot 12} = K_1 \cdot \left(1 + \frac{p}{100 \cdot 12}\right) = K_0 \cdot \left(1 + \frac{p}{100 \cdot 12}\right)^2$

Mit jedem Monat erhöht sich die Potenz des Klammerausdrucks um 1. Somit folgt:

Kapital nach y Monaten: $K_y = K_0 \cdot \left(1 + \frac{p}{100 \cdot 12}\right)^y$

b) jährliche Verzinsung: $K = 1000 \text{ €} \cdot \left(1 + \frac{2}{100}\right) = 1020{,}00 \text{ €}$

monatliche Verzinsung: $K_{12} = 1000 \text{ €} \cdot \left(1 + \frac{2}{100 \cdot 12}\right)^{12} = 1020{,}18 \text{ €}$

Bei der monatlichen Verzinsung erhöht sich der Zinsbetrag um 18 Cent, da bei einer monatliche Gutschreibung der Zinsen auch diese Zinsen wiederum mitverzinst werden.

c) Tägliche Verzinsung: $K_x = K_0 \cdot \left(1 + \frac{p}{100 \cdot 360}\right)^x$

Im speziellen Fall: $K_{360} = 1000 \text{ €} \cdot \left(1 + \frac{2}{100 \cdot 360}\right)^{360} = 1020{,}20 \text{ €}$

1.7 Prozentangaben in Diagrammen darstellen

Seite 29 | Einstieg

Die Farben im Kreisdiagramm sind den Tabellenzeilen in Uhrzeigerrichtung zugeordnet:
Blau (Sport); Rot (Deutsch); Grün (Mathematik); Lila (Sonstiges)

Seite 30 | Aufgabe 1

a)

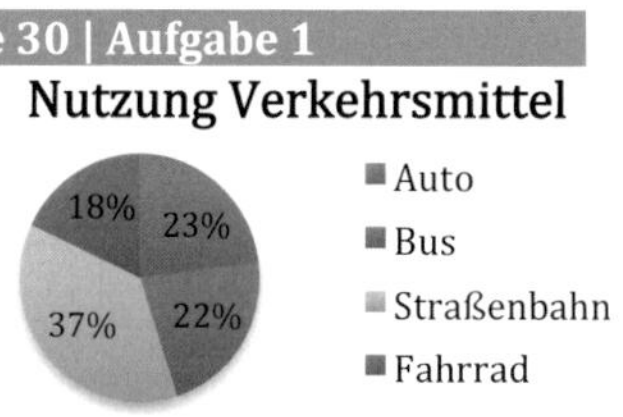

b)

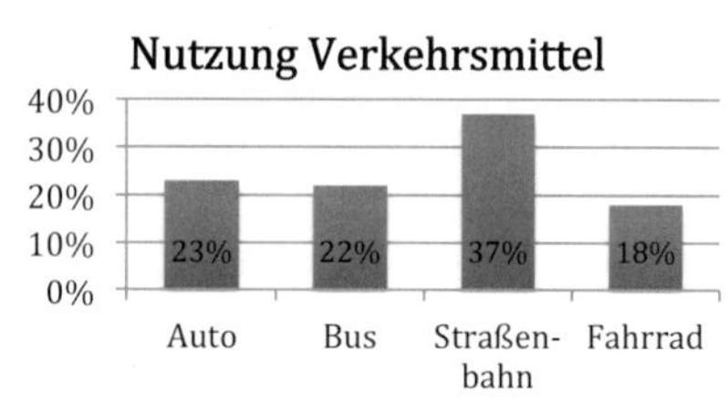

Seite 30 | Aufgabe 2

a)

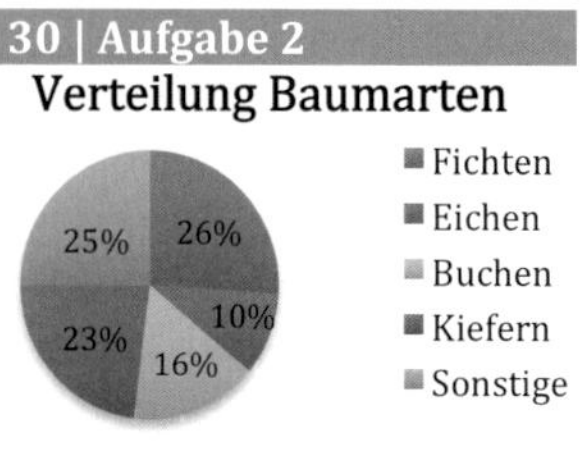

b)

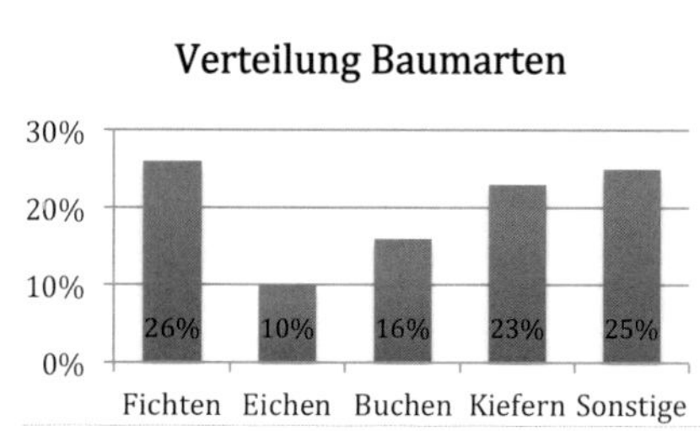

Seite 30 | Aufgabe 3

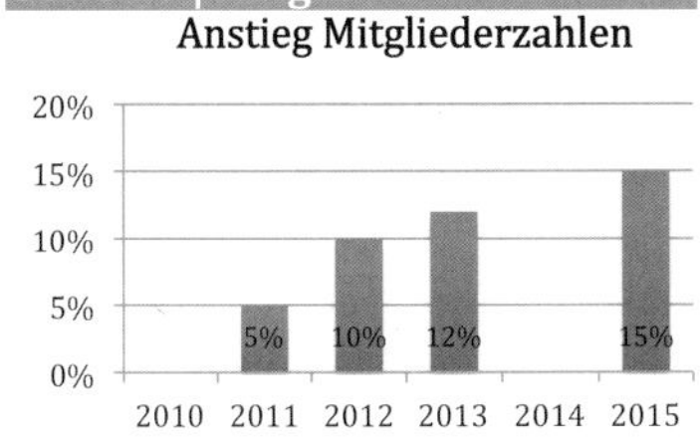

Seite 30 | Aufgabe 4

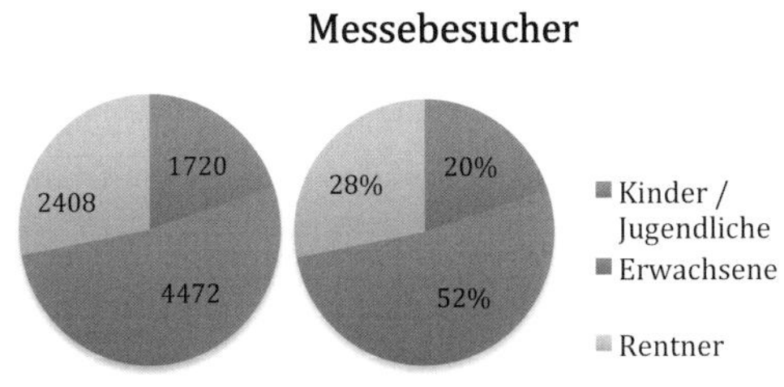

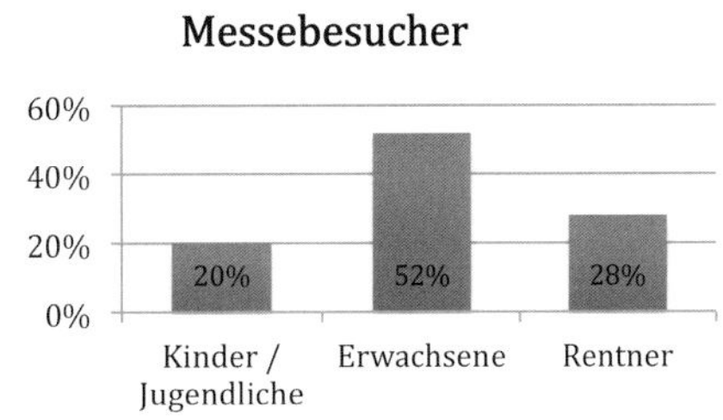

Seite 30 | Aufgabe 5

a)

100 %	1 %	5 %	10 %	20 %	25 %	$33\frac{1}{3}$ %	50 %	$66\frac{2}{3}$ %	75 %
360°	3,6°	18°	36°	72	90°	120°	180°	240°	270°

b)

1000 ‰	1 ‰	10 ‰	100 ‰	250 ‰	500 ‰	750 ‰	800 ‰	100 ‰	500 ‰
360°	0,36°	3,6°	36°	90°	180°	270°	288°	36°	180°

Seite 30 | Aufgabe 6

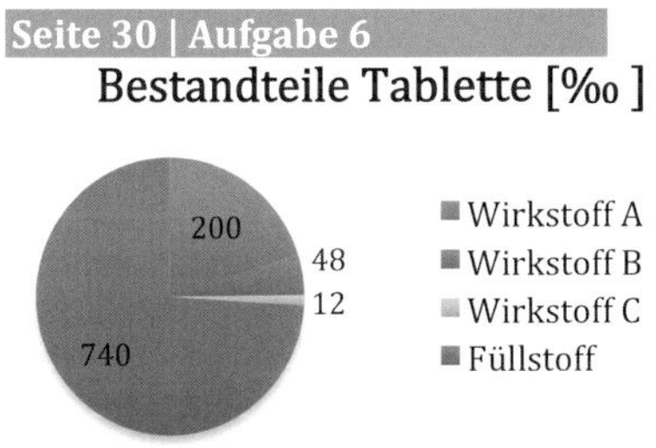

Seite 30 | Aufgabe 7

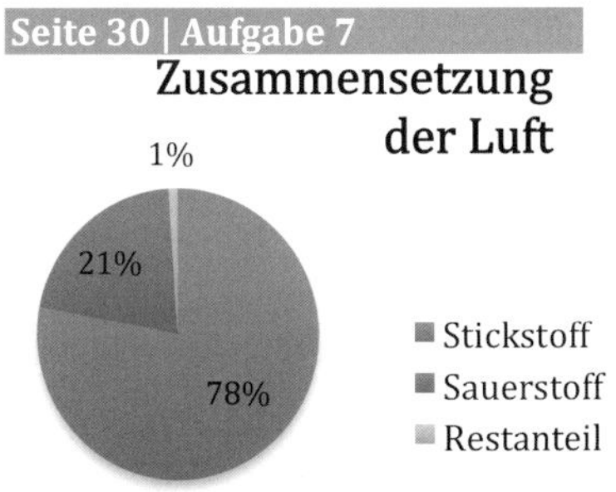

Seite 30 | Aufgabe 8

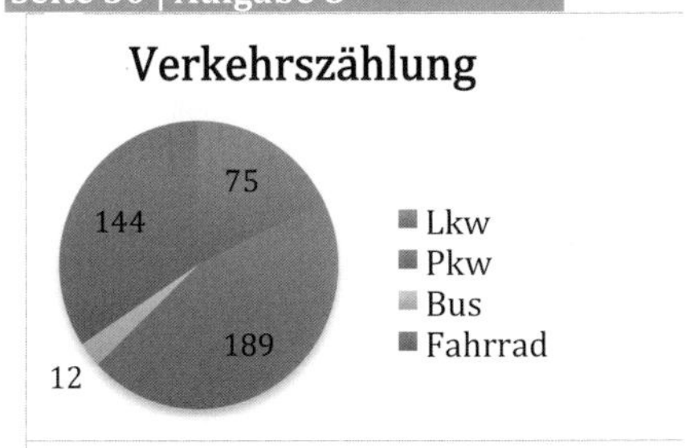

Seite 31 | Aufgabe 9

Da es keine Legende gibt, können beide Recht haben.

Seite 31 | Aufgabe 10

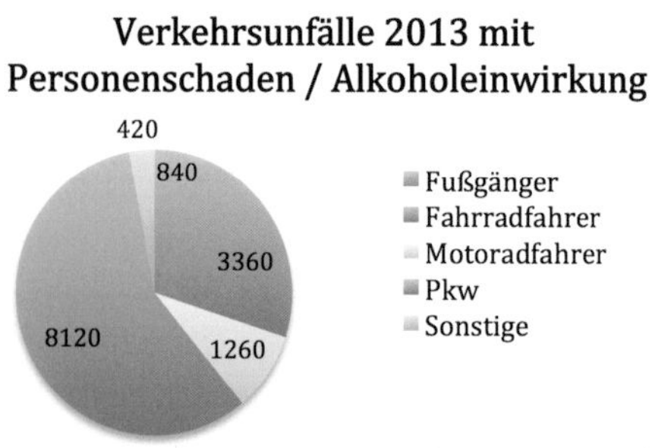

Seite 31 | Aufgabe 11

Swetlana hat nicht Recht. Die Seitenleiste weist aus, dass der Anteil um lediglich 4 Prozent gesunken ist.

Seite 31 | Aufgabe 12

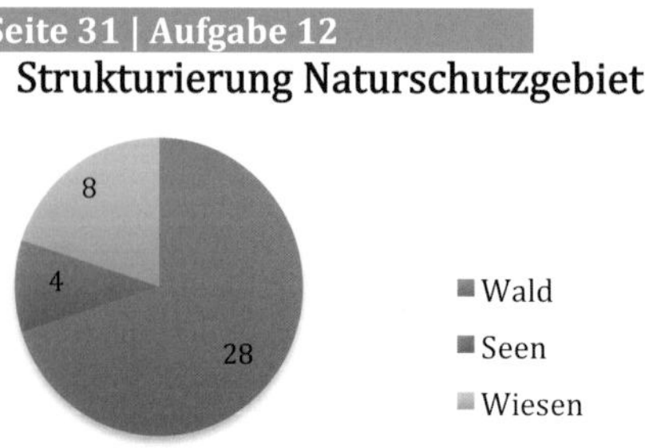

Seite 31 | Aufgabe 13

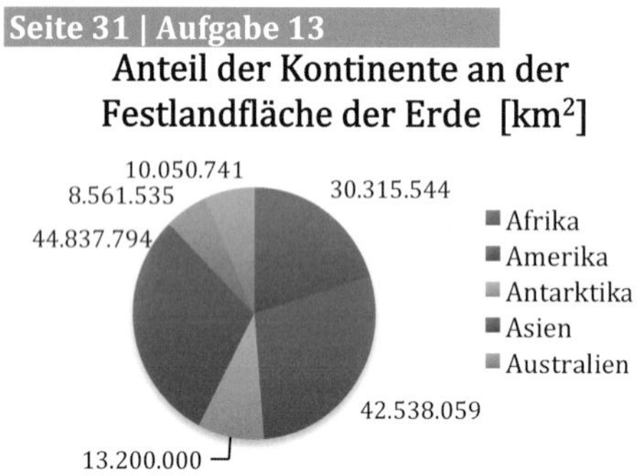

Seite 31 | Aufgabe 14

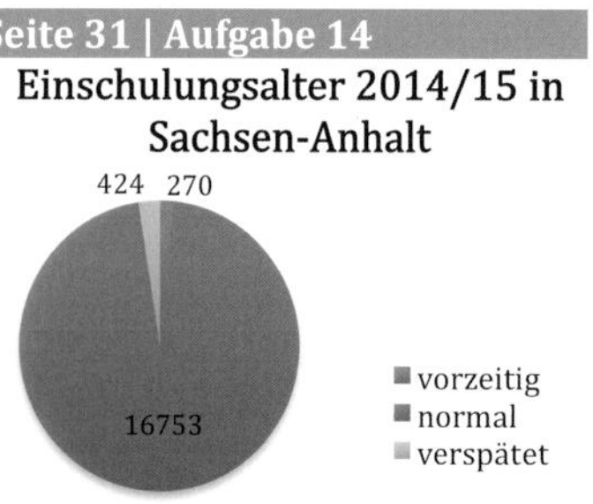

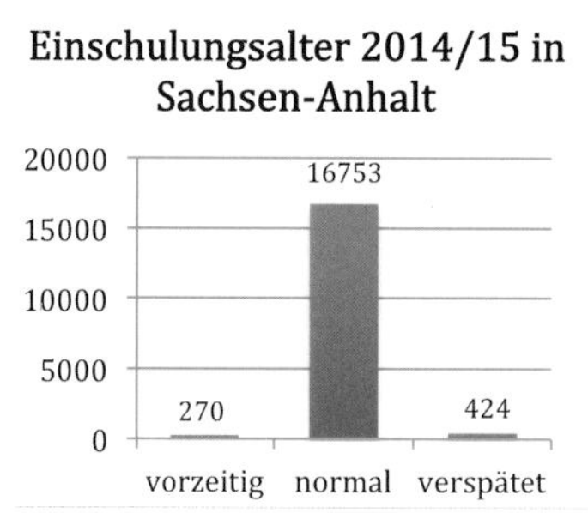

Seite 31 | Aufgabe 15

Es haben sich etwa 60 Schüler für Pizza entschieden

Seite 31 | Aufgabe 16

a) Kurt: 44 % ≙ 11 Stimmen   Sonja: 36 % ≙ 9 Stimmen   Anna: 20 % ≙ 5 Stimmen

b)

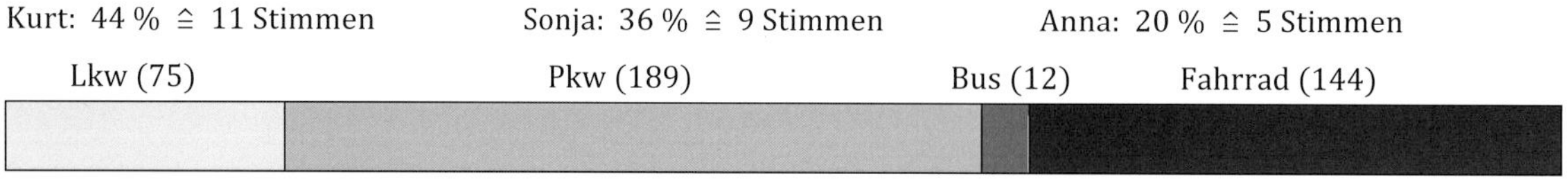

1.8 Vermischte Aufgaben

Seite 32 | Aufgabe 1

a) Steigung: $500\text{ m}\cdot\frac{12}{100} = 60\text{ m}$

Gefälle: $500\text{m}\cdot\left(-\frac{10}{100}\right) = -50\text{ m}$

b) Steigung: $1\,500\text{ m}\cdot\frac{12}{100} = 180\text{ m}$

Gefälle: $1\,500\text{m}\cdot\left(-\frac{10}{100}\right) = -1\,50\text{ m}$

c) Steigung: $3\,400\text{ m}\cdot\frac{12}{100} = 408\text{ m}$

Gefälle: $3\,400\text{m}\cdot\left(-\frac{10}{100}\right) = -340\text{ m}$

Seite 32 | Aufgabe 2

a) $W = G \cdot p$ $\qquad p = \frac{W}{G}$

b) Es sei: G = 300 €; p = 50 % → $W = 300 \cdot 50\,\% = 300 \cdot \frac{50}{100} = 150$ €

Es sei: G = 300 €; W = 150 € → $p = \frac{150}{300} = 0{,}5 = 0{,}5 \cdot 100\,\% = 50\,\%$

Seite 32 | Aufgabe 3

a) Der Verbrauch von Plastiktüten ist in Deutschland um 64,1 % geringer, denn: $\frac{(198 - 71) \cdot 100}{198} = 64{,}1$

b) Rückgang auf 40 Tüten bis 2015: Rückgang um 77,3 % auf 22,7 %, denn: $\frac{(176 - 40) \cdot 100}{176} = 77{,}3$

Rückgang um 86 Tüten bis 2019: Rückgang um 48,9 % auf 51,1 %, denn: $\frac{86 \cdot 100}{176} = 48{,}9$

Seite 32 | Aufgabe 4

a) Der DAX ist von 11 410,36 € um 130,00 € auf 11 280,36 € gefallen.

b) Auf der rechten Seite steht der Prozentsatz zu dem Prozentwert, um den der Dax gefallen ist: $\frac{-130{,}00 \cdot 100}{11280{,}36 + 130{,}00} = -1{,}14\,\%$

Seite 32 | Aufgabe 5

a) Die Ergiebigkeit der Lavendelblüten beträgt 5,88 ‰. ($\frac{1 \cdot 100}{170} = 0{,}588\,\% = 5{,}88$ ‰)

b) Der Mann hat 3,25 ml reinen Alkohol im Blut. ($\frac{6500 \cdot 0{,}5}{1000} = 3{,}25$)

Seite 33 | Aufgabe 6

Kosten lt. Hersteller: 2016,00 €; Mehrkosten: 766,08 €

Seite 33 | Aufgabe 7

Es entsteht ein Verlust. Bei den aufzurechnenden Gewinn- und Verlustbeträgen ist von den Grundpreisen auszugehen.

15 % Gewinn bei 6200 € sind 808,70 €. ($\frac{6200 \cdot 15}{115} = 808{,}70$)

15 % Verlust bei 6200 € sind 1094,12 €: ($\frac{6200 \cdot 15}{85} = 1094{,}12$)

Gesamtbilanz: 808,70 € – 1094,12 € = –285,42 €

Seite 33 | Aufgabe 8

Frau Schulz muss noch einen Kredit über 7400,00 € aufnehmen. Das Angebot 2 ist trotz Provisionskosten günstiger.

Angebot 1: $\frac{7400\,€ \cdot 8{,}5}{100} = 629{,}00$ € $\qquad$ Angebot 2: $\frac{7400\,€ \cdot 7{,}5}{100} + 50{,}00 = 605{,}00$ €

Seite 33 | Aufgabe 9

a) Wertverlust: $699{,}00 - 699\left(1 - \frac{20}{100}\right)^2 = 251{,}64$ €

b)

Jahre	Wert in €
1	559,20
2	447,36
3	357,89
4	286,31
5	229,05

c) Für die Wertermittlung nach n Jahren Nutzungsdauer multipliziert man den Neupreis mit dem Faktor $\left(1 - \frac{20}{100}\right)^n$.
Für den Wertverlust nach 2 Jahren ergibt sich somit der Faktor: $1 - \left(1 - \frac{20}{100}\right)^2 = 0{,}36$

Seite 33 | Aufgabe 10

Die Menge wurde um 20 % reduziert. ($100 - \frac{4 \cdot 100}{5} = 20$)

Der Preis pro Zitrone wurde um 25 % erhöht. (B_0; 1 Zitrone (5er Pack): $0{,}20 \cdot B_0$ (=G); 1 Zitrone (4er Pack): $0{,}25 \cdot B_0$ (= W))

$p = \frac{W \cdot 100}{G} = \frac{0{,}25\, B_0 \cdot 100}{0{,}20\, B_0} = 125$

Seite 33 | Aufgabe 11

Sofias Mutter werden 34,0 % vom Bruttogehalt abgezogen, denn: $\frac{(2150 - 1420) \cdot 100}{2150} = 34{,}0$

Seite 33 | Aufgabe 12

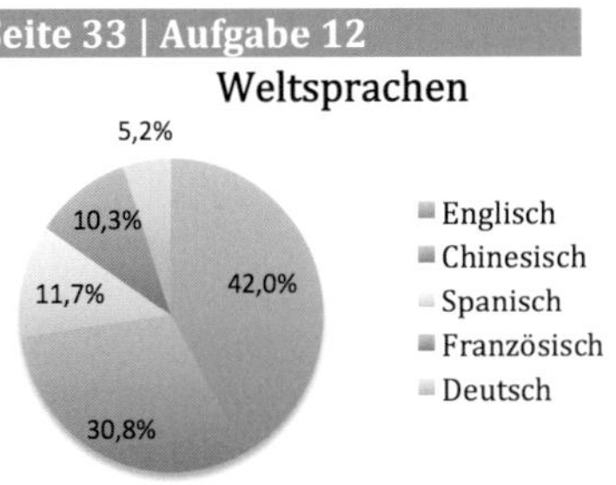

Seite 33 | Aufgabe 13

Auszug aus einer Mobilfunkrechnung

Artikel	netto	MwSt. (19 %)	brutto
Gespräche	2,57 €	0,49 €	3,06 €
SMS/MMS	0,74 €	0,14 €	0,88 €
Datenübertragung	1,75 €	0,33 €	2,08 €
Rechnungsbetrag	5,06 €	0,96 €	6,02 €

Seite 33 | Aufgabe 14

Monat	Kapital in €	+	Zinsen in €	=	Neues Kapital in €
0					5000,00
1	5000,00	+	15,00	=	5015,00
2	5015,00	+	15,05	=	5030,05
3	5030,05	+	15,09	=	5045,14
4	5045,14	+	15,14	=	5060,27
5	5060,27	+	15,18	=	5075,45
6	5075,45	+	15,23	=	5090,68
7	5090,68	+	15,27	=	5105,95
8	5105,95	+	15,32	=	5121,27
9	5121,27	+	15,36	=	5136,63
10	5136,63	+	15,41	=	5152,04
11	5152,04	+	15,46	=	5167,50
12	5167,50	+	15,50	=	5183,00

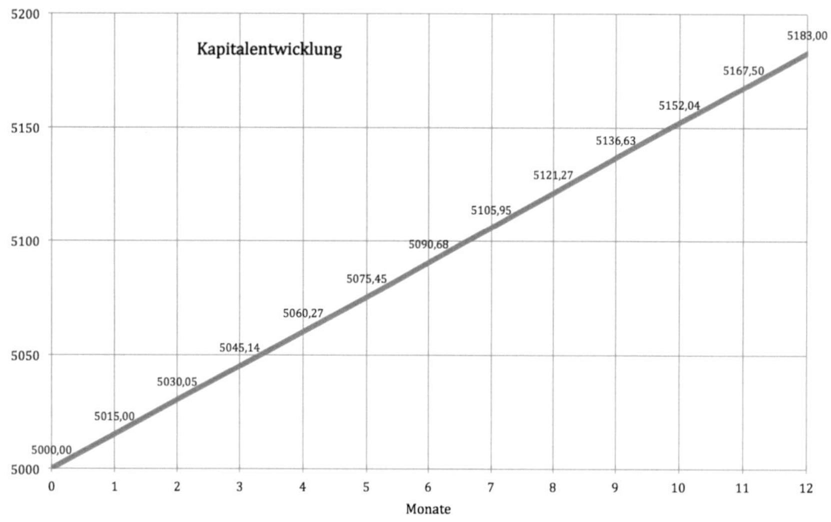

2. Rationale Zahlen und Wurzeln

2.1 Rationale Zahlen darstellen

Seite 40 | Einstieg

Der Subtrahend ist in dieser Aufgabe größer als der Minuend. Mit der vierten Aufgabe werden die bisher bekannten Zahlenbereiche verlassen. (7,50 € – 10 € = – 2,50 €)

Seite 41 | Aufgabe 1

a) positive Zahlen: 6; $1\frac{1}{3}$; $3,\overline{75}$; 0,0001

negative Zahlen: – 25; $-3,\overline{3}$; $-\frac{1}{1\,000}$

b) entgegengesetzt: – 6; $-1\frac{1}{3}$; $-3,\overline{75}$; – 0,0001

entgegengesetzt: 25; $3,\overline{3}$; $\frac{1}{1\,000}$

Seite 41 | Aufgabe 2

a) – 5 °C
b) + 19 °C
c) – 5 und + 3
d) +350 € – 50€
e) – 2,5 m
f) – 20 s + 5 s

Seite 41 | Aufgabe 3

Menge M_1 gehören nur positive Zahlen, zur Menge M_2 nur negative Zahlen.

Seite 41 | Aufgabe 4

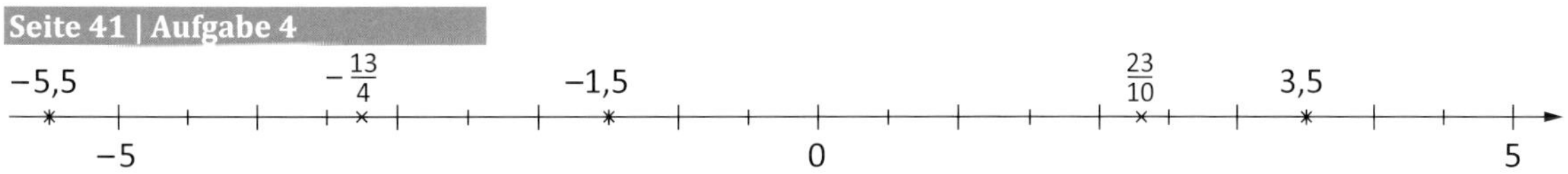

Seite 41 | Aufgabe 5

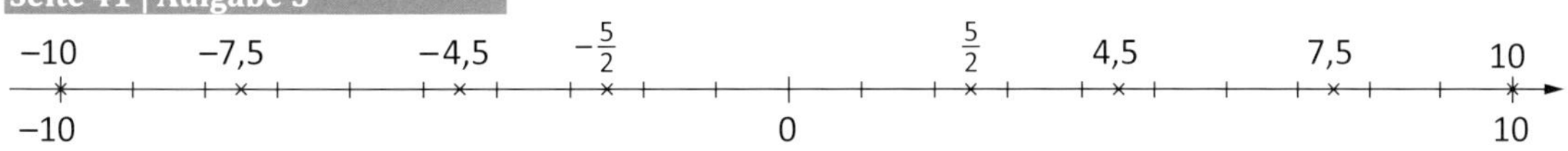

Die Zahlen sind symmetrisch zum Nullpunkt angeordnet

Seite 41 | Aufgabe 6

a) (1) negative Zahlen: A = –2,25; B = –1,25
positive Zahlen: C = 0,5; D = 1; E = 2,5
(2) negative Zahlen: F =– 0,45; G = – 0,4; H = – 0,1
positive Zahlen: I = 0,15; J = 0,3

b) (1) Gegenzahlen: A' = 2,25; B' = 1,25; C' = – 0,5; D' = –1; E' = –2,5

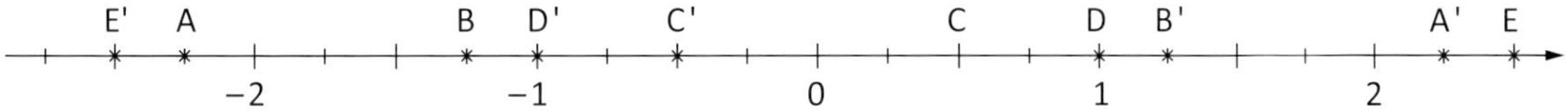

(2) Gegenzahlen: F' = 0,45; G' = 0,4; H' = 0,1; I' = – 0,15; J' = – 0,3

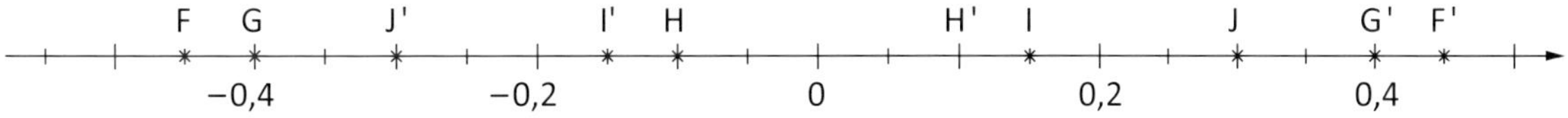

Seite 42 | Aufgabe 7

x	11,5	7,8	– 3,14	– 0,3	4	– 4	4; – 4
– x	–11,5	–7,8	3,14	0,3	– 4	4	– 4; 4
Entfernung von x zum Nullpunkt (in LE)	11,5	7,8	3,14	0,3	4	4	4
Entfernung von – x zum Nullpunkt (in LE)	11,5	7,8	3,14	0,3	4	4	4

Seite 42 | Aufgabe 8

	x	1,4	$-\frac{3}{4}$	5	-10	10,1	$\frac{8}{5}$	$-2,\overline{3}$	0	$\frac{2}{2}$
a)	$\mathbb{N}$	—	—	✓	—	—	—	—	✓	✓
b)	$\mathbb{Q}_+$	✓	—	✓	—	✓	✓	—	✓	✓
c)	$\mathbb{Q}$	✓	✓	✓	✓	✓	✓	✓	✓	✓

Seite 42 | Aufgabe 9

Nicht richtig dargestellt sind: – 7,0; $\frac{3}{1}$; $3\frac{1}{2}$; 6

Seite 42 | Aufgabe 10

Beispiele: 1 → Gegenzahl: –1 < 0; –1 → Gegenzahl: 1 > 0; 0 → Gegenzahl: 0

Seite 42 | Aufgabe 11

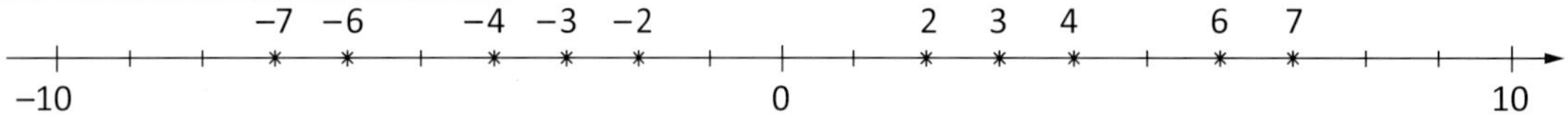

Die Aussage ist falsch. Nachfolger einer ganzen Zahl ist immer die nächstgrößere ganze Zahl.
z. B.: Nachfolger von 6: 7; Gegenzahl von 6: – 6; Nachfolger von −6: −5 (nicht: −7)

Seite 42 | Aufgabe 12

a) −1,5: Gegenzahl $1{,}5 > 0$; $1{,}5$ LE < 3 LE vom Nullpunkt entfernt
b) 1,5: Gegenzahl $-1{,}5 < 0$; $1{,}5$ LE < 3 LE vom Nullpunkt entfernt
c) 0: Gegenzahl 0; 0 LE vom Nullpunkt entfernt

Seite 42 | Aufgabe 13

$a = 2$ → Gegenzahl $a' = -2$ → Gegenzahl $a'' = 2 = a$
$a = -3$ → Gegenzahl $a' = 3$ → Gegenzahl $a'' = -3 = a$
$a = 1{,}5$ → Gegenzahl $a' = -1{,}5$ → Gegenzahl $a'' = 1{,}5 = a$
$a = -\frac{1}{4}$ → Gegenzahl $a' = \frac{1}{4}$ → Gegenzahl $a'' = -\frac{1}{4} = a$
$a = 0$ → Gegenzahl $a' = 0$ → Gegenzahl $a'' = 0 = a$
Die entgegengesetzte Zahl einer entgegengesetzten Zahl ist die Ausgangszahl.

Seite 42 | Aufgabe 14

Astrid hat Recht, denn zu den gebrochenen Zahlen gehört auch die Null, die weder positiv noch negativ ist.
Bei der Aussage von Sven fehlen die gebrochenen Zahlen mit Wert gleich Null, da sie keine positiven rationalen Zahlen, sondern lediglich nichtnegative rationale Zahlen sind.

Seite 42 | Aufgabe 15

Vorgänger	−21	−151	− 6	−2	−1001	−1
Zahl	−20	−150	− 5	−1	−1000	0
Nachfolger	−19	−149	− 4	0	− 999	1

Seite 42 | Aufgabe 16

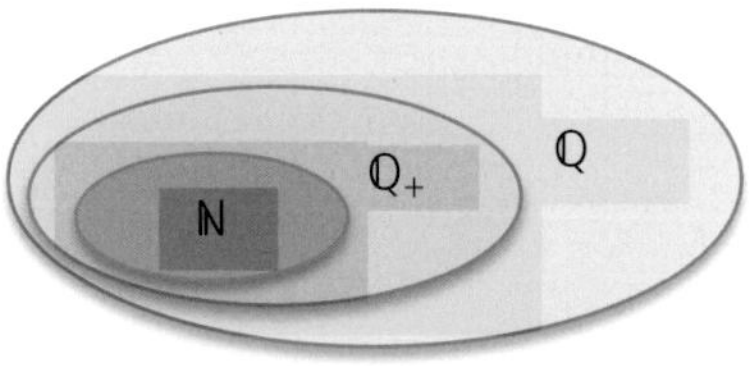

Seite 42 | Aufgabe 17

(1) Wenn a eine positive Zahl ist, dann ist die zu a entgegengesetzte Zahl eine negative Zahl.
(2) Wenn a eine negative Zahl ist, dann ist die zu a entgegengesetzte Zahl eine positive Zahl.
(3) Wenn a gleich Null ist, dann ist auch die ihr entgegengesetzte Zahl gleich Null.

Seite 42 | Aufgabe 18

a) $x = -40$ b) $x = 30$ c) $x = -10$ d) $x = 50$

2.2 Rationale Zahlen ordnen

Seite 43 | Einstieg

München → Magdeburg → Nürnberg → Berlin → Dresden → Hamburg
− 3,4 °C −1,5 °C −1,4 °C −1 °C 0 °C 1,5 °C

Seite 43 | Aufgabe 1

a) $-2{,}7 < 1{,}5$ b) $-9 < -4{,}7$ c) $\frac{1}{4} < \frac{1}{3}$ d) $-0{,}75 < \frac{1}{3}$
e) $-0{,}1 < 0$ f) $-5{,}12 < -2{,}7$

Seite 43 | Aufgabe 2

a) $21{,}78 < 21{,}91$ b) $-2{,}76 < 0{,}87$ c) $0 < \frac{3}{4}$ d) $-10 < -1{,}9$
e) $-\frac{1}{3} < \frac{2}{3}$ f) $-\frac{2}{3} < -\frac{1}{3}$

Seite 44 | Aufgabe 3

a) $2 < 6$ b) $-2{,}75 = -2\frac{3}{4}$ c) $0 < \frac{3}{4}$ d) $-2{,}78 > -2{,}87$ e) $-\frac{1}{3} < -0{,}25$ f) $-\frac{3}{7} < \frac{1}{7}$

Seite 44 | Aufgabe 4

a) $-15;\ -2;\ 0;\ 3;\ 7$ b) $-1{,}3;\ -0{,}3;\ 0;\ 0{,}7;\ 1{,}2$ c) $-\frac{2}{3};\ -0{,}6;\ -\frac{1}{2};\ -0{,}25;\ 0{,}7$

d) $-5{,}7;\ -3\frac{1}{7};\ -\frac{4}{5};\ -\frac{1}{3};\ 2{,}3$ e) $-2{,}7;\ -0{,}74;\ 0{,}335;\ 0{,}34$ f) $-20{,}67;\ -5{,}9;\ -5\frac{1}{5};\ 0;\ 15{,}3$

Seite 44 | Aufgabe 5

a) 2,7 b) 13,5 c) 0 d) $1\frac{2}{7}$ e) $\frac{2}{7}$ f) $7\frac{3}{5}$

Seite 44 | Aufgabe 6

a) 10; −10 b) 5,9; −5,9 c) $6\frac{2}{3};\ -6\frac{2}{3}$ d) 0 e) 11,12; −11,12 f) 1,7; −1,7

Seite 44 | Aufgabe 7

a) 0 b) 2; −2 c) 3 d) keine e) 5,1; −5,1 f) 4; −4

Seite 45 | Aufgabe 8

x	−2,5	5,3	−0,75	0	2	−3	7,1
−x	2,5	−5,3	0,75	0	−2	3	−7,1
−(−x)	−2,5	5,3	−0,75	0	2	−3	7,1
|x|	2,5	5,3	0,75	0	2	3	7,1
−|x|	−2,5	−5,3	−0,75	0	−2	−3	−7,1

Seite 45 | Aufgabe 9

a) Die kleinste Zahl steht ganz links auf der Zahlengeraden. $(-7{,}5 < -2\frac{3}{5} < 0 < 1\frac{3}{5})$

b) 2,1 und −2,1

Seite 45 | Aufgabe 10

a) 2,5; 0; −2,3; −7 b) $|-7|;\ -2{,}78;\ -3\frac{2}{5};\ -3{,}5$ c) $\frac{6}{5};\ 0;\ -\frac{9}{7};\ -4{,}5;\ -10$

Seite 45 | Aufgabe 11

a) eingetragene Zahlen (Beispiel):
positive Zahlen: $0 < 0{,}5 < 1 < 1{,}5 < 2$ negative Zahlen: $-3 < -2{,}5 < -2 < -1{,}5 < -1$

b) Die senkrechte Zahlengerade verläuft von unten nach oben. Wie auch auf der waagerechten Zahlengeraden ist der Nullpunkt gekennzeichnet. positive Zahlen werden vom Nullpunkt entsprechend der Einteilung des Zahlenstrahls nach oben angetragen und negative Zahlen analog nach unten.
Damit ergibt sich, dass von zwei Zahlen die kleinere immer weiter unten auf der Zahlengeraden angeordnet ist und die größere weiter oben.

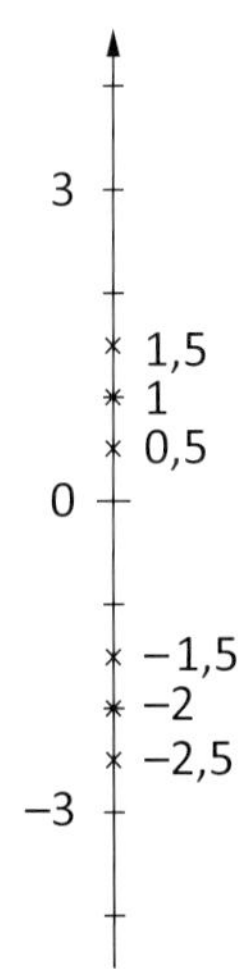

Seite 45 | Aufgabe 12

a) größte Zahl: 240 kleinste Zahl: −319

b) betragsmäßig größte Zahl: −319 betragsmäßig kleinste Zahl: 0,1

Seite 45 | Aufgabe 13

a) richtig b) richtig

c) falsch $-20 < -10$ Minuszeichen der Zahlen übersehen.

d) falsch $-1\,000\,000 < 10$ Minuszeichen der Zahl −1 000 000 übersehen

e) falsch $|-7| = 7 > 3$ Betrag falsch/nicht gebildet

f) falsch $|-6{,}6| = |6{,}6|$ Beträge falsch/nicht gebildet

g) falsch $|-7| > -3$ Betrag falsch/nicht gebildet

h) falsch $|-5| < |-6|$ Beträge falsch/nicht gebildet

Seite 45 | Aufgabe 14

a)
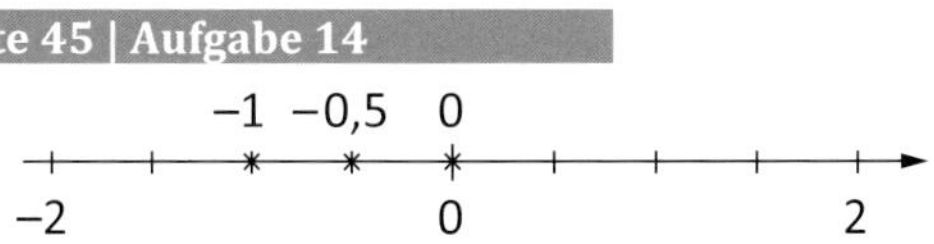

b)
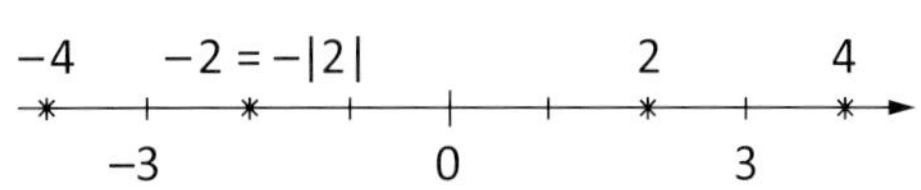

c)
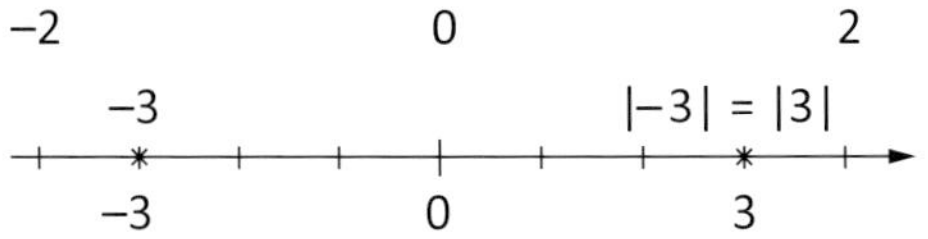

d)
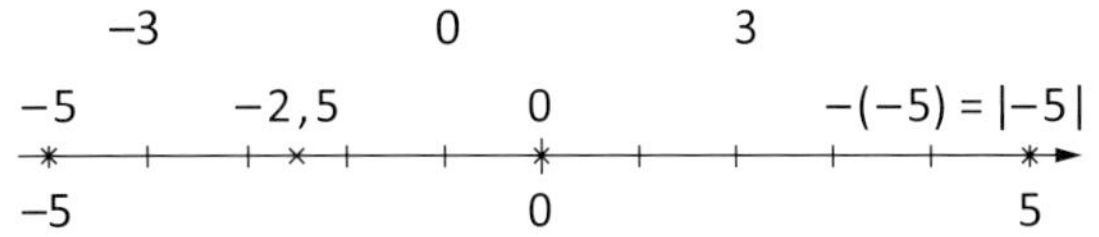

Seite 45 | Aufgabe 15

a) $2{,}0 < 2{,}1$ b) $-0{,}68 > -0{,}69$ c) $-389 < -379$ d) n.l.

Seite 45 | Aufgabe 16

a) $-7 < -3$ $|-7| > |-3|$ b) $-6 > -7{,}7$ $|-6| < |-7{,}7|$ c) $-1{,}5 > -11$ $|-1{,}5| < |-11|$ d) $-3{,}9 < -3{,}8$ $|-3{,}9| > |-3{,}8|$ e) $-\frac{3}{4} > -\frac{9}{8}$ $\left|-\frac{3}{4}\right| < \left|-\frac{9}{8}\right|$

Von zwei negativen Zahlen ist diejenige die kleinere Zahl, die den größeren absoluten Betrag hat.

Seite 45 | Aufgabe 17

a) $x = 3$ b) $x_{1/2} = \pm 3$ c) $x_{1/2} = \pm 1{,}5$ d) $x = 0$ e) n. l.

2.3 Punkte im Koordinatensystem darstellen

Seite 46 | Einstieg

Durch Verlängern der y-Achse nach unten erhält Grit einen weiteren Quadranten und damit den Platz für das an der x-Achse zu spiegelnde Dreieck. Sie kann nun die Bildpunkte zeichnen und miteinander verbinden.

Seite 47 | Aufgabe 1

Dreieck: A(−2|5), B(0|3), C(2|4) Quadrat: D(0|2), E(−2|0), F(0|−2), G(2|0)

Seite 47 | Aufgabe 2

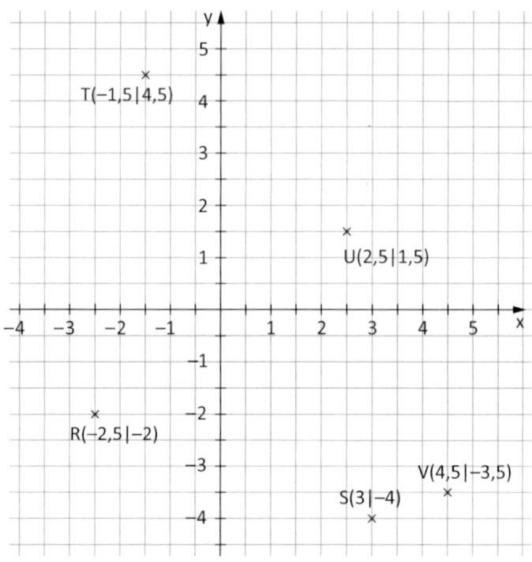

Seite 47 | Aufgabe 3

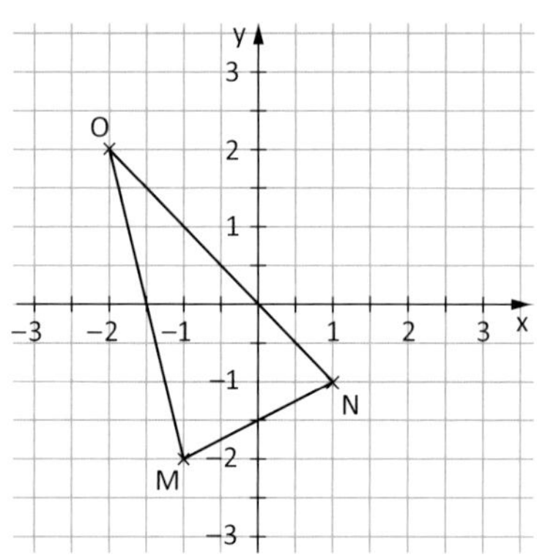

P(0|−1,5), B(−0,5|0,5), C(−1,5|0)

Seite 47 | Aufgabe 4

A(1|1); B(3|−1); C(0|−3); D(−5|1); E(−3,5|0); F(3,5|−2,5); G(−4,5|−2,5); H(3,5|2,5)

Seite 47 | Aufgabe 5

In welchem Quadrant ein Punkt liegt erkennt man an den Vorzeichen seiner Koordinaten:
II. Quadrant: −| + I. Quadrant: +| + III. Quadrant: −| − IV. Quadrant: +| −

A – im III. Quadrant; B – im II. Quadrant; C – im IV. Quadrant; D – im I. Quadrant; E – im Koordinatenursprung

Seite 47 | Aufgabe 6

II.: A(−1|1); B(−2|1); C(−2|3) III.: D(−1|−1); E(−2|−1); F(−2|−3) IV.: G(1|−1); H(2|−1); I(2|−3)

Seite 47 | Aufgabe 7

Janek hat nicht Recht. Die Koordinaten des Bildpunktes sind: (x|− y).

Seite 47 | Aufgabe 8

a) $\bar{R}(-1|-3)$; $\bar{S}(2|1)$

b)

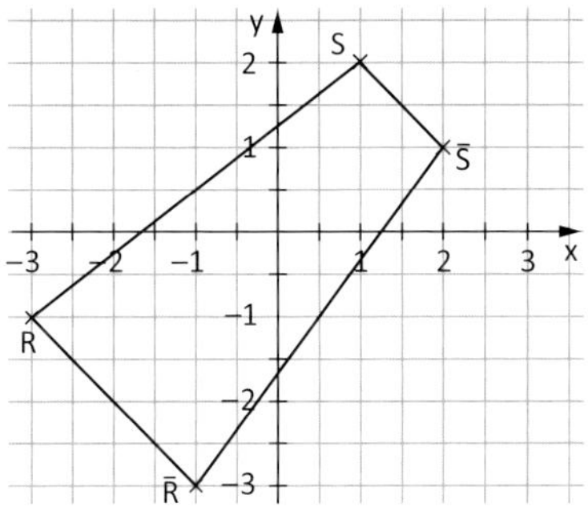

Das Viereck $R\bar{R}\bar{S}S$ ist ein Trapez.

Seite 47 | Aufgabe 9

a) Alle $n \in \mathbb{Z}$ kommen als x-Koordinate in Frage, beispielsweise: $x_1 = 1$; $x_2 = 2$; $x_3 = 3$

b) Die Gerade g durch die Punkte P_1 und P_3 ist eine Parallele zur x-Achse.

c) Der Punkt P_2 liegt auf der Geraden g.

Seite 47 | Aufgabe 10

Eckpunktkoordinaten des an der x-Achse gespiegelten Dreiecks: E'(1|2), F'(5|5), G'(3|5)
Eckpunktkoordinaten des an der y-Achse gespiegelten Dreiecks: E'' (−1|−2), F'' (−5|−5), G'' (−3|−5)

Seite 47 | Aufgabe 11

Der Verschiebepfeil zeigt, dass alle Punkte um 4 LE nach rechts und 4 LE nach oben zu verschieben sind. Sowohl die x-Koordinaten als auch die y–Koordinaten vergrößern sich um 4, denn bei dieser Verschiebung erhält man die Bildpunkte, indem man jeweils um 4 Einheiten nach rechts (in die positive x- Richtung) und um 4 Einheiten nach oben (in die positive y-Richtung) geht. Für die Bildpunkte des Parallelogramms ABCD erhält man: A'(−1|1), B'(2|1), C'(3|3), D'(0|3)

2.4 Rationale Zahlen addieren

Seite 48 | Einstieg

Wenn am 2. 11. ausgezahlt werden sollte, dann ist Manuels Konto erneut „im Minus“: 16,75 € – 20,00 € = – 3,25 €

Seite 48 | Aufgabe 1

a) 3,5 b) – 5,2 c) – 4 d) 4,5

Seite 48 | Aufgabe 2

a) 4,2 b) – 5 c) −18,25 d) −7 e) −1 f) – 3,2 g) -2 h) 2

Seite 49 | Aufgabe 3

Aufgabe	Vorzeichen der Summe	Betrag der Summe	Ergebnis
(+2) + (+2,5)	+	|+2| + |+2,5| = 4,5	+ 4,5
(– 5) + (–2,3)	–	|– 5| + |–2,3|= 7,3	-7,3
$0{,}5 + \left(+\frac{1}{4}\right)$	+	$\lvert 0{,}5\rvert + \left\lvert +\frac{1}{4}\right\rvert = 0{,}75$	+ 0,75
$\left(-\frac{1}{2}\right) + (-0{,}2)$	–	$\left\lvert -\frac{1}{2}\right\rvert + \lvert -0{,}2\rvert = 0{,}7$	- 0,7
$\left(-\frac{1}{4}\right) + (-0{,}25)$	–	$\left\lvert -\frac{1}{4}\right\rvert + \lvert -0{,}25\rvert = 0{,}5$	- 0,5

Seite 49 | Aufgabe 4

a) 1 b) – 0,5 c) – 0,5 d) −1,5 e) 0,2 f) 0

Seite 49 | Aufgabe 5

Jens hat die positive Zahlen ohne Vorzeichen geschrieben. Klammern um diese positiven Zahlen können weggelassen werden

Seite 50 | Aufgabe 6

Aufgabe	Vorzeichen der Summe	Betrag der Summe	Ergebnis
(+2) + (–2,5)	–	|–2,5| – |+2| = 0,5	- 0,5
(– 5) + (+2,3)	–	|– 5|– |2,3|= 2,7	-2,7
$-\frac{1}{2} + (+0{,}2)$	–	$\left\lvert -\frac{1}{2}\right\rvert - \lvert 0{,}2\rvert = 0{,}3$	- 0,3
$\frac{1}{4} + (-0{,}25)$	ohne	$\left\lvert \frac{1}{4}\right\rvert - \lvert 0{,}25\rvert = 0$	0

Seite 50 | Aufgabe 7

a) 6,2 b) −6,2 (gleiche Vorzeichen) c) −1 d) 1,4 (unterschiedliche Vorzeichen)

Seite 50 | Aufgabe 8

a) −14 b) 1,6 c) 0 d) $-\frac{1}{4}$ e) −0,7

Seite 50 | Aufgabe 9

a) x = −3 b) x = −13 c) x = 3 d) x = 5 e) jede rationale Zahl x

Seite 50 | Aufgabe 10

Summanden mit gleichen Vorzeichen: (unendlich viele Lösungen, z. B.: − 1 und − 2)
Summanden mit verschiedenen Vorzeichen: (unendlich viele Lösungen, z. B.: − 5 und + 2)

Seite 50 | Aufgabe 11

a) falsch → −3,5 + 7,5 = +4
b) falsch → − 1,7 + (−2,7) = − 4,4
c) falsch → − 0,9 + (− 3,2) = − 4,1
d) richtig
e) falsch → −2 + 2 = 0
f) richtig

Seite 50 | Aufgabe 12

a) ①

	1	
2		−1
−5	7	−8

②

	−5	
1		−6
9	−8	2

b) Das Ergebnis wird um 4 vergrößert (= 5).
c) Das Ergebnis wird um 4 verkleinert (= − 3).

Seite 50 | Aufgabe 13

a) 1,25 b) $\frac{1}{4}$ c) $\frac{1}{2}$ d) $\frac{3}{4}$ e) −1,25

Seite 50 | Aufgabe 14

a) −3746; Ü: 17 800 − 21 600 = 3 800 b) −10,89; Ü: − 9 − 2 = −11 c) 322; Ü: − 680 + 1000 = 320

Seite 50 | Aufgabe 15

a) z. B.: (3|9), (− 3|15) b) z. B.: (−20|− 5), (− 30|5) c) z. B.: (3|2,2), (6|− 0,8) d) z. B.: (−2|−1,5), (− 5|1,5)

Seite 50 | Aufgabe 16

a) a = 3; b = 1 b) a = 3; b = −1 c) a = 3; b = 0 d) a = 0

Seite 50 | Aufgabe 17

a) −7,3 + 17,3 = 10 b) −7,3 + (−2,7) = −10 c) −2,5 + 7,5 = 5 d) $\frac{3}{4} + \left(-\frac{1}{4}\right) = \frac{1}{2}$

e) $-\frac{1}{2} + \frac{1}{2} = 0$ f) $-\frac{5}{8} = \frac{3}{8} + (-1)$

2.5 Rationale Zahlen subtrahieren

Seite 51 | Einstieg

Die beiden Aufgabenfolgen sind inhaltlich identisch. Beim Subtrahieren wird die dem Subtrahend entgegengesetzte Zahl addiert.
4 − (−1) = 4 + 1 = 5 4 − (−2) = 4 + 2 = 6

Seite 51 | Aufgabe 1

a) 6 b) 11 c) − 4 d) 3 e) 1 f) −20 g) −2 h) 3 i) − 6 j) 10

Seite 51 | Aufgabe 2

a) 16 b) 22,6 c) 7,2 d) − 0,3 e) −2,3 f) − 3,9 g) 7,5 h) $-\frac{1}{2}$

i) −2,2 j) 1 k) 0,4 l) 2 m) $\frac{3}{8}$ n) $\frac{1}{2}$ o) 1

Seite 51 | Aufgabe 3

a) 16 + 27 = 43 ✓
b) 63 + 19 = 82 ✓
c) − 42 + 19 = −23 ✓
d) −1,4 − 0,5 = −1,9 ✓
e) 2,8 + 2,9 = 5,7 ≠ 4,7 (falsch)
f) 30 + 13 = 43 ≠ −17 (falsch)

Seite 52 | Aufgabe 4

a	b	a − b	b − a	a − (−b)	−a − b
− 4	2	− 6	6	−2	2
0,4	0,3	0,1	− 0,1	0,7	− 0,7
$-\frac{1}{2}$	$-\frac{1}{4}$	$-\frac{3}{4}$	$\frac{3}{4}$	$-\frac{1}{4}$	$\frac{1}{4}$
3,3	2,8	0,5	− 0,5	6,1	− 6,1

Seite 52 | Aufgabe 5

a) -4 b) 9 c) -18 d) $2{,}6$ e) $0{,}8$

Seite 52 | Aufgabe 6

a) 3 b) $-5{,}7$ c) -5 d) 0 e) $-\frac{1}{2}$ f) $-1\frac{1}{4}$

Seite 52 | Aufgabe 7

a) $-3 + 7 = 4$ b) $1{,}2 - 0{,}3 = 0{,}9$ c) $2\frac{1}{2} + \frac{1}{4} = 2\frac{3}{4}$

d) $-0{,}5 + 0{,}8 = 0{,}3$ e) $2 - 0{,}7 = 1{,}3$

Seite 52 | Aufgabe 8

a) Rechenzeichen
$15 - 17 = -2$

b) Rechenzeichen
$1{,}2 - 0{,}8 = 0{,}4$

c) Vorzeichen – Rechenzeichen – Vorzeichen
$-\frac{3}{4} - (-0{,}5) = -0{,}25$

d) Vorzeichen – Vorzeichen
$-1{,}2 + (-0{,}8) = -2$

e) Vorzeichen
$-\frac{3}{4} + 0{,}5 = -0{,}25$

f) Vorzeichen – Vorzeichen
$-15 + (-17) = -32$

g) Bilden der Gegenzahl – Vorzeichen – Vorzeichen
$-(-15) + (-17) = -2$

h) Bilden der Gegenzahl – Vorzeichen – Rechenzeichen – Vorzeichen
$-(-3) - (-7) = 10$

Seite 52 | Aufgabe 9

$2 - 1 - 1 - 1 - 1 = -2$ aber $2 - (-2) = 2 + 2 = 4$

Seite 52 | Aufgabe 10

a) $x_1 = 1;\ x_2 = 3;\ x_3 = 5$ b) $x_1 = -1;\ x_2 = -3;\ x_3 = -5$ c) $x_1 = -1;\ x_2 = -3;\ x_3 = -5$

d) $x_1 = 8;\ x_2 = -1;\ x_3 = -8$ e) $x_1 = 3;\ x_2 = 1;\ x_3 = -1$

Seite 52 | Aufgabe 11

a) $-96 - (-42) < 1$ b) $-62{,}8 - 62{,}8 < 0$ c) $-\frac{1}{2} - \frac{1}{3} = -\frac{5}{6}$ d) $62{,}3 + |-62{,}3| > 0$

Seite 52 | Aufgabe 12

$-13 - 7 = -20$

Seite 52 | Aufgabe 13

9; 2; –5

Seite 52 | Aufgabe 14

a) $-2 - 2 = -4$ ✓ b) $9{,}5 - (-0{,}5) = 10$ c) $-3{,}2 - 6{,}8 = -10$ d) $11 - 12{,}5 = -1{,}5$ ✓

e) $-4 - (-2) = -2$ f) $\frac{2}{5} - \left(-\frac{2}{5}\right) = \frac{4}{5}$ g) $3{,}4 - \left(-\frac{2}{5}\right) = 3{,}8$ ✓ h) $3{,}2 - (-3{,}2) = 6{,}4$ ✓

Seite 52 | Aufgabe 15

a) 2 b) 2 c) 6 d) 3 e) –1 f) –4,5 g) 3 h) 3 und –3

Seite 53 | Aufgabe 16

a) $-6 - (-19) = +13$ b) $-3 - (-3) = 0$ c) $-(+0{,}7) - (+0{,}5) = -1{,}2$

d) $7{,}5 - (+6{,}5) = +1$ e) $5{,}9 - (-2{,}1) = +8$ f) keine Angabe möglich

Seite 53 | Aufgabe 17

a) 29,0 °C – (–28,4 °C) = 29,0 °C + 28,4 °C = 57, 4 °C b) Individuelle Lösung

Seite 53 | Aufgabe 18

a) $1\,089 - 2\,857 = -1\,768$
Ü: $1\,100 - 2\,900 = -1\,800$

b) $597{,}98 - (-41{,}32) = 639{,}3$
Ü: $600 + 50 = 650$

c) $-8{,}86 - 9{,}79 = -18{,}65$
Ü: $-9 - 10 = -19$

d) $987{,}89 - (-99{,}91) = 1\,087{,}8$
Ü: $990 + 100 = 1\,090$

e) $-997{,}9 - 134{,}5 = 1132{,}4$
Ü: $-1\,000 - 130 = -1\,130$

f) $19{,}7 - 315{,}79 = -296{,}09$
Ü: $20 - 320 = -300$

g) $-(-19{,}98) - 51{,}78 = -31{,}8$
Ü: $20 - 50 = -30$

h) $-(-3{,}79) - (-19{,}32) = 23{,}13$
Ü: $4 + 19 = 23$

Seite 53 | Aufgabe 19

a) Wahr (z. B.: $a = -10$)

b) Wahr ($-a - (-a) = -a + (+a) = 0$)

c) Falsch (Gegenbeispiel: $a = 5;\ b = -10 \rightarrow a - b = 15 > a$)

d) Wahr (z. B.: $a = 5;\ b = -10$)

e) Wahr (z.B.: $a = 5;\ b = -10$)

f) Falsch (z. B.: $a = -5;\ b = -10$)

Seite 53 | Aufgabe 20

a) (–1|– 4), (5| 2) b) (3|5), (– 3|–1) c) (1|0), (– 3|0) d) (1|1), (– 3|– 3) e) (–1|0,5), (2 |1,5)

Seite 53 | Aufgabe 21

Der neue Kontostand beträgt: 18,76 € – 249,99 € – 68,99 € = –300,22 €

Seite 53 | Aufgabe 22

a) 8 b) -8 c) -24 d) -24 e) -8 f) -11 g) 2 h) -4 i) $\frac{1}{8}$

Seite 53 | Aufgabe 23

a) -5 b) $-2{,}5$ c) 5 d) 1 e) $-1{,}5$

Seite 53 | Aufgabe 24

a) Wert: $a + b + c$ → Terme ①, ⑤
Wert: $a + b - c$ → Terme ②, ⑨
Wert: $a - b + c$ → Terme ③, ④, ⑦, ⑩
Wert: $-a - b - c$ → Terme ⑥, ⑧

b) Wert ①: -1; ⑤: -1
Wert ②: 7; ⑨: 7
Wert ③: -5; ④: -5; ⑦: -5; ⑩: -5
Wert ⑥: 1; ⑧: 1

2.6 Rationale Zahlen multiplizieren und dividieren

Seite 54 | Einstieg

$2\cdot(-3) = (-3) + (-3) = -3 - 3 = -6$ und $2\cdot(-4) = (-4) + (-4) = -4 - 4 = -8$

Seite 54 | Aufgabe 1

a) -30 b) -27 c) -4 d) -2 e) 0 f) $-5{,}5$ g) -6 h) $-\frac{1}{3}$
i) 0 j) -1 k) $-\frac{1}{4}$ l) $-0{,}4$ m) 0,03 n) $\frac{3}{14}$ o) $-0{,}78$

Seite 54 | Aufgabe 2

a) $x = 8$ b) $x = 9$ c) $a = 5$ d) $x = 10$ e) $z = 0{,}01$
f) $x = 0$ g) $a = 5$ h) $x = 1$ i) $y = 0$ j) $x = -\frac{1}{2}$

Seite 54 | Aufgabe 3

a) -2; -3; -4 b) -3; -4; -5 c) -14; -16; -18

Seite 55 | Einstieg

Ja, den die Zahlen 3 und 6 würden in die Folge der Aufgaben passen.

Seite 55 | Aufgabe 4

a) 56 b) 9 c) 81 d) 7 e) 0,16 f) 0 g) 1,3 h) 1 i) $\frac{1}{2}$ j) 4

Seite 55 | Aufgabe 5

a) $x = 3$ b) $a = -9$ c) $x = 12$ d) $y = -10$ e) $a = -2$

Seite 55 | Aufgabe 6

a) 27 b) -24 c) -28 d) 63 e) 5

Seite 55 | Aufgabe 7

a) Die Anzahl der Minuszeichen ist ungeradzahlig → Das Ergebnis ist negativ.
b) Die Anzahl der Minuszeichen ist ungeradzahlig → Das Ergebnis ist negativ.
c) Die Anzahl der Minuszeichen ist geradzahlig → Das Ergebnis ist positiv.
d) Die Anzahl der Minuszeichen ist geradzahlig → Das Ergebnis ist positiv.

Seite 55 | Aufgabe 8

$1 \cdot (-3) = -3$ $1 \cdot (-5) = -5$ $-0{,}1 \cdot (-5) = 0{,}5$
$0{,}5 \cdot (-6) = -3$ $2{,}5 \cdot (-2) = -5$ $0{,}25 \cdot (-2) = 0{,}5$
$0{,}1 \cdot (-30) = -3$ $-0{,}2 \cdot 25 = -5$ $-1 \cdot 0{,}5 = 0{,}5$

Seite 56 | Aufgabe 9

a) -3 b) 2 c) 0 d) $-0{,}7$ e) $-1{,}3$ f) 1 g) 7 h) $-2{,}7$
i) 3,1 j) $-2{,}3$ k) $-0{,}8$ l) $\frac{1}{2}$ m) 0,25 n) -11 o) $-0{,}23$

Seite 56 | Aufgabe 10

a) $14 : 2 = 7$; $70 : 10 = 7$
b) $14 : (-2) = -7$; $-70 : 10 = -7$
c) $10 : 10 = 1$; $-5 : (-5) = 1$
d) $-10 : 10 = -1$; $5 : (-5) = -1$
e) $0 : 10 = 0$; $0 : (-5) = 0$
f) $\frac{6}{4} : (-2) = -\frac{3}{4}$; $-\frac{6}{2} : 4 = -\frac{3}{4}$
g) $12 : 4 = \frac{1}{3}$; $0{,}2 : 0{,}6 = \frac{1}{3}$
h) $-6 : 4 = -1{,}5$; $15 : (-10) = -1{,}5$

Seite 56 | Aufgabe 11

a) -3 b) $-0{,}5$ c) 1 d) 0 e) 0,25
f) -10 g) -5 h) 0 i) -4 j) -30
k) $-49{,}8$ l) $\frac{4}{5}$ m) $-1{,}2$ n) $-0{,}5$ o) -3

Seite 57 | Aufgabe 12

a) 16,5 b) −13 c) $\frac{5}{9}$ d) −21 e) −9

Seite 57 | Aufgabe 13

a) 4 b) 0,3 c) −7 d) $\frac{1}{4}$ e) −0,5
f) −3,6 g) 9 h) 0,08 i) $-\frac{1}{2}$ j) 19

Seite 57 | Aufgabe 14

a) 14 b) −3,5 c) −1 d) −0,04 e) 5
f) 0,01 g) 0,98 h) 2 i) 0 j) −1,2

Seite 57 | Aufgabe 15

a) 4; 5; 6 b) −1; −2; −3 c) −1; −2; −3 d) 0,2; 0,1; 0,01 e) −1; −2; −3

Seite 57 | Aufgabe 16

a) Wahr $(-12 \cdot 2 = -24)$ b) Falsch $(-30 : (-5) = 6 > 0)$ c) Wahr $(0 \cdot (-11) = 0)$
d) Wahr $(-1 < 0 \cdot 4)$ e) Falsch $(-60 : (-5) = 12)$

Seite 57 | Aufgabe 17

a) $x = -0,9$ b) $x = -\frac{1}{2}$ c) $x = -0,2$ d) $x = -0,2$ e) $x = -0,1$
f) $x = -5$ g) $x = -2$ h) $x = = -\frac{1}{3}$ i) $x = -\frac{1}{3}$ j) $x = 12$

Seite 57 | Aufgabe 18

a) $-\frac{3}{4}$ b) unmöglich c) $\frac{1}{5}$ d) $-\frac{2}{3}$ e) $-\frac{1}{3}$ f) $-\frac{1}{3}a$

Seite 57 | Aufgabe 19

a) Falsch $-3 \cdot |-4| = -12$ Betrag nicht korrekt ermittelt.
b) Falsch $2,5 : (-2,5) = -1$ Verschiedene Vorzeichen von Dividend und Divisor übersehen.
c) Richtig
d) Richtig
e) Falsch $-60 : (-3) = 20$ Gleiche Vorzeichen von Dividend und Divisor übersehen.
f) Falsch $(-0,1)^2 = 0,01$ Falsche Kommazahl bei Produkt; Vorzeichenfehler.
g) Falsch $-(-1)^2 = -1$ Falsche Kommazahl bei Produkt; Vorzeichenfehler.
h) Falsch n. l. Division durch Null ist verboten.

Seite 57 | Aufgabe 20

·	−2	−4	8	−9	16	−2
3	−6	−12	24	−27	48	−6
$-\frac{1}{4}$	0,5	1	−2	2,25	−4	0,5
$\frac{1}{2}$	−1	−2	4	−4,5	8	−1

Seite 57 | Aufgabe 21

a) Ü: $36 : 3 = 12$ (−11,8) b) Ü: $500 \cdot 0,9 = 450$ (439,8)
c) Ü: $480 : (-10) = -48$ (48,3) d) Ü: $2 : (-0,01) = -200$ (−173)

Seite 57 | Aufgabe 22

a)

a	0	−9	−3	3
$\frac{60}{a-3}$	−20	−5	−10	n. l.

b)

x	0	5	−35	−15	−5
$\frac{5+x}{-30}$	$-\frac{1}{6}$	$-\frac{1}{3}$	1	$\frac{1}{3}$	0

Seite 57 | Aufgabe 23

a) Die Aussage ist falsch. (Gegenbeispiel: $5 \cdot (-7) \neq 4 \cdot (-8)$.)
b) Die Aussage ist richtig. Bei einem Bruch kann man Zähler und Nenner erweitern, indem man Zähler und Nenner mit der gleichen Zahl multipliziert, hier mit der Zahl −1.

2.7 Rechengesetze und Rechenvorteile nutzen

Seite 58 | Einstieg

Es wurden jeweils zwei Faktoren miteinander und anschließend die beiden Teilergebnisse miteinander multipliziert:

1. Rechenweg:
   Faktor 1 · Faktor 2 = Teilergebnis A
   Faktor 3 · Faktor 4 = Teilergebnis B
   Teilergebnis A · Teilergebnis B = Ergebnis
2. Rechenweg:
   Faktor 1 · Faktor 3 = Teilergebnis A
   Faktor 2 · Faktor 4 = Teilergebnis B
   Teilergebnis A · Teilergebnis B = Ergebnis

Das Zusammenfassen der Faktoren im 2. Rechenweg ist günstiger, da einfachere Teilergebnisse entstehen und man anschließend leichter weiterarbeiten kann.

Seite 58 | Aufgabe 1

a) $[-2{,}5 \cdot (-4)] \cdot (-2{,}1) = 10 \cdot (-2{,}1) = -21$
b) $\frac{2}{5} \cdot [(-2) \cdot 1{,}5] = \frac{2}{5} \cdot (-3) = -1{,}2$
c) $1{,}11 \cdot [(-1{,}25) \cdot (-4)] = 1{,}11 \cdot 5 = 5{,}55$
d) $[-0{,}2 \cdot 5] \cdot \frac{4}{5} = -1 \cdot 0{,}8 = -0{,}8$
e) $[-2{,}5 + (-7{,}5)] + 8{,}1 = -10 + 8{,}1 = -1{,}9$
f) $-\frac{3}{4} \cdot \frac{15}{100} = -\frac{9}{80}$
g) $(-0{,}8 - 0{,}2) + 2{,}0 = -1 + 2 = 1$
h) $399 + [(-181) + (-19)] = 399 - 200 = 199$
i) $399 + 2 - 181 = 401 - 181 = 220$

Seite 59 | Aufgabe 2

a) $\frac{3}{10}$ b) $-\frac{4}{5}$ c) 2   d) −3,5   e) $-2\frac{1}{4}$ f) −1

Seite 59 | Aufgabe 3

a) $(1{,}8 - 11{,}8) - \frac{8}{9} = -10\frac{8}{9}$
b) $(2 \cdot 5) \cdot 3{,}1 = 31$
c) $-\left(\frac{5}{6} + \frac{1}{3}\right) \cdot \frac{3}{2} = -\frac{5}{6} \cdot \frac{3}{2} = -1\frac{3}{4}$
d) $-\left(\frac{9}{10} \cdot \frac{1}{9}\right) + \left(18 \cdot \frac{1}{9}\right) = 1{,}9$
e) $0{,}25 \cdot \left(-\frac{3}{4} - \frac{1}{4}\right) = -0{,}25$
f) $-(8{,}2 + 0{,}8) \cdot (-4{,}4) = 39{,}6$

Seite 59 | Aufgabe 4

a) 0   b) 0   c) 2   d) −1   e) −50   f) −0,78

g) −0,8   h) $-\frac{1}{3}$ i) $\frac{3}{4}$

Seite 59 | Aufgabe 5

a) $[6 \cdot (-2) + 6] \cdot 5 = -30$
b) $[5{,}4 + 1{,}6] \cdot (-0{,}5) = -3{,}5$
c) $\left[3 \cdot (-0{,}5) + \frac{3}{2}\right] \cdot (-2) = 0$
d) $[2 : (-4) + (-4)] \cdot 8 = -36$

Seite 59 | Aufgabe 6

a) Wahr   Die Summe der Einzelbeträge erhält das Vorzeichen „–“.
b) Falsch   Gegenbeispiel: $-3 - (-7) = -3 + (+7) = 4$
c) Wahr   Bei positiven Faktoren ist das Produkt stets positiv; bei negativen Faktoren hängt das Vorzeichen des Produkts von der Anzahl der Faktoren ab, ist diese Anzahl ungerade, ist das Produkt negativ.

Seite 59 | Aufgabe 7

a) $-4 + y + 4 = y$
b) $x - 4 + (-x) = -4$
c) $-14 + x + (-6) = -20 + x$
d) $-0{,}25 + a + 0{,}25 + (-a) = 0$
e) $a + b + (-a) + (-b) = 0$
f) $(-x) + 0 + x + (-y) = -y$

Seite 59 | Aufgabe 8

a) und b)

	A	B	C	D	E	F	G
1	a	b	c	a+b+c	a-(b+c)	a-b+c	a-(-b)+c
2	-3,00	2,00	-4,00	-5,00	-1,00	-9,00	-5,00
3	-0,70	-0,20	0,05	-0,40	-1,00	0,00	-0,04
4	2,78	2,34	-8,76	-3,64	9,20	-8,32	-3,64

c) D1: =SUMME(A2:C2)
E2: =A2-SUMME(B2:C2)
F2: =SUMME(A2;C2)-B2
G2: =SUMME(A2;C2)-(-1*B2)

Seite 59 | Aufgabe 9

a) $x < 0$ b) $x \leq 0$ c) $x \geq 0$ d) $x \geq 0$ e) $x \leq -3$ f) $x \geq 4{,}5$

2.8 Termstrukturen analysieren

Es ist zu beachten: Jede Summe kann auch als Differenz und jede Differenz kann auch als Summe betrachtet werden.

Seite 60 | Einstieg

Der Term ist als Differenz geschrieben. Zum Berechnen kann der Term zu einer Summe umgeformt werden. Der Term kann als Summe oder als Differenz aufgefasst werden.

Seite 61 | Aufgabe 1

a) Summe b) Potenz c) Produkt d) Quotient e) Quotient

Seite 61 | Aufgabe 2

a) Produkt b) Quotient c) Potenz d) Summe e) Summe

Seite 61 | Aufgabe 3

		① $3 - 7$	② $3 - (-7)$	③ $3 + (-ab)$	④ $-5 + 2x$	⑤ $-3 + (-2)$	⑥ $a - b^2$
a)	Summand	3	3	3	-5	-3	a
	Summand	-7	7	$-ab$	$2x$	-2	$-b^2$
b)	Minuend	3	3	3	-5	-3	a
	Subtrahend	7	-7	ab	$-2x$	2	b^2

Seite 61 | Aufgabe 4

a) Summe b) Quotient c) Potenz d) Summe e) Quotient

Seite 61 | Aufgabe 5

a) $-9{,}5$; Summe b) 0; Summe c) 1; Quotient
d) 5; Summe e) 4; Differenz f) 0; Differenz
g) -4; Quotient h) -1; Quotient i) -1; Quotient

Seite 61 | Aufgabe 6

a) $3 + 2a$; Summe b) $(a + b) : (-c - 3)$; Quotient c) $-1 : (x \cdot (y - z))$; Quotient

Seite 61 | Aufgabe 7

a) Summe
$(3x + 5) : 3 + 15$
$a^2 : (3 + x) + 3b$

b) Quotient
$(3x + 5) : (3 + 15)$
$a^2 : (3 + x + 3b)$

c) Potenz
$(3x + 5)^3$
$(a^2 : (3 + x) + 3b)^2$

Seite 61 | Aufgabe 8

a)
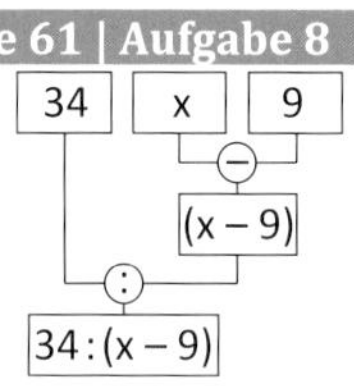

b)
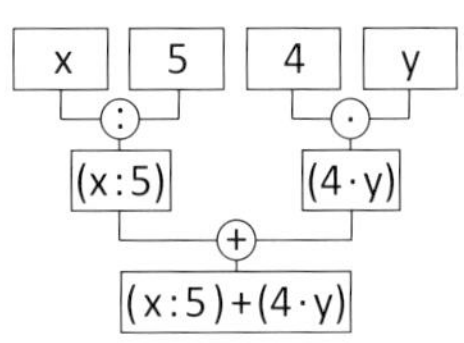

c)
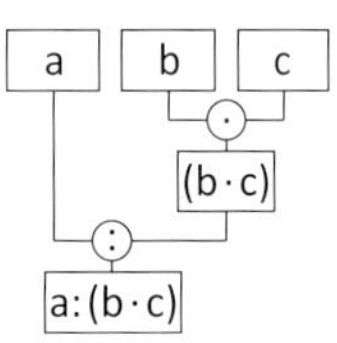

d)
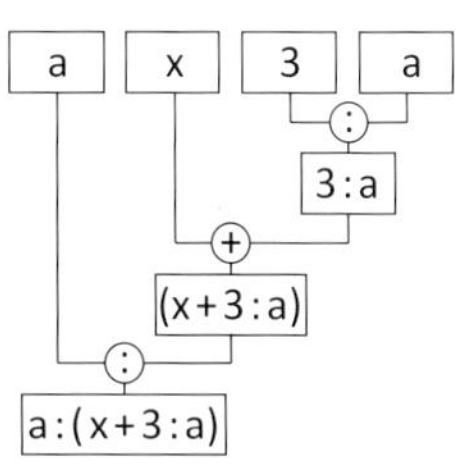

e)
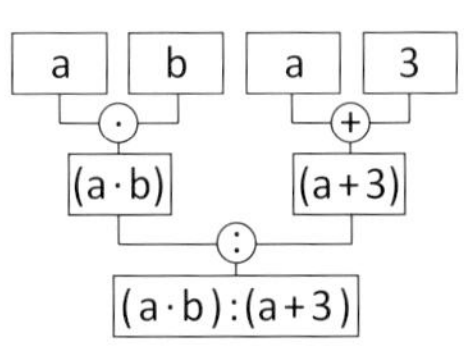

f)
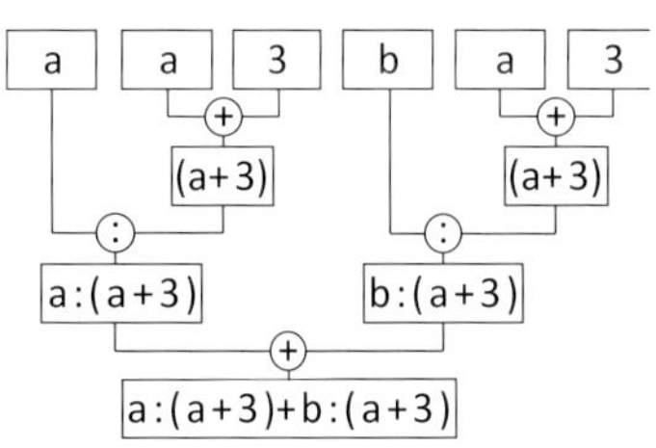

Seite 61 | Aufgabe 9

a) $-22{,}5$ b) $0{,}5$ c) $-0{,}8$ d) -2 e) 7 f) 0

Seite 62 | Aufgabe 10

a)	$(a + b) - 5a$	Differenz	Teilterme: Summe, Produkt
b)	$x : 7 + 11$	Summe	Teilterme: Quotient
c)	$2x - 3x$	Differenz	Teilterme: Produkt, Produkt
d)	$a^2 - (a - b)$	Differenz	Teilterme: Potenz, Differenz
e)	$2 \cdot (-8) + 2 \cdot (-2 + 6)$	Summe	Teilterme: Produkt, Summe
f)	$\left(-\frac{2}{7}\right) \cdot \frac{7}{8} + (-a)$	Summe	Teilterme: Produkt

Seite 62 | Aufgabe 11

a) Falsch, Vorrang der Punktrechnung nicht beachtet: $3{,}5 - [13{,}5 : 0{,}2] = 3{,}5 - 67{,}5 = -64$

b) Falsch, Vorzeichen beim Addieren vertauscht: $-\frac{1}{5} - 2 + \frac{4}{5} = -2\frac{1}{5} + \frac{4}{5} = -1\frac{2}{5}$

c) Falsch, Vorzeichen beim Addieren vertauscht: $-3 - 7 - 2 = -3 - 9 = -12$

Seite 62 | Aufgabe 12

Lukas hat mit seiner Tastenfolge den Term $\frac{a}{b} \cdot c = \frac{a \cdot c}{b}$ berechnet. Zur Berechnung des Terms $\frac{a}{b \cdot c}$ muss Lukas Klammern setzen: $a \div (b \times c)$ oder die Tastenfolge $a \div b \div c$ verwenden.

Seite 62 | Aufgabe 13

a) 75,1 b) 6,0 c) −1,0 d) 100,8 e) −0,7 f) 0,3

Seite 62 | Aufgabe 14

Individuelle Lösung

Seite 62 | Aufgabe 15

		Überschlag	TR-Ergebnis	Gerundet
a)	$-3{,}98+5{,}17\cdot(-7{,}89)$	$-4+5\cdot(-8)=-44$	− 44,7713	− 44,77
b)	$(-3{,}98+5{,}17):(-7{,}89)$	$(-4+5):(-8)=-0{,}125$	− 0,15082	− 0,15
c)	$\frac{-3{,}98}{5{,}17\cdot(-7{,}89)}$	$\frac{-4}{5\cdot(-8)}=0{,}1$	0,097569	0,10
d)	$\frac{-3{,}98+(-7{,}89)}{-3{,}98\cdot 5{,}17}$	$\frac{-4-8}{-4\cdot 5}=0{,}6$	0,57686	0,58
e)	$\frac{-3{,}98+5{,}17}{2{,}3\cdot(5{,}17+(-7{,}89))}$	$\frac{-4+5}{2\cdot(5-8)}=-\frac{1}{6}$	− 0,19021	− 0,19
f)	$\frac{-3{,}98\cdot(-7{,}89)}{2{,}1+5{,}17}$	$\frac{-4\cdot(-8)}{2+5}=\frac{32}{7}\approx 4$	4,3194223	4,32
g)	$\frac{-3{,}98\cdot(3{,}9+5{,}17)}{-3{,}98\cdot(-7{,}89)}$	$\frac{-4\cdot(4+5)}{-4\cdot(-8)}=\frac{-36}{32}\approx -1$	− 1,1495564	− 1,15
h)	$-3{,}98+(-7{,}89)\cdot 5{,}17^2$	$-4+(-8)\cdot 5^2=-204$	− 214,87102	− 214,87
i)	$[-3{,}98-5{,}17:(-7{,}89)]^2$	$[-4-5:(-8)]^2=[-4-(-\frac{5}{8})]^2\approx 9$	11,053897	11,05
j)	$\frac{-7{,}89}{-3{,}98+5{,}17:(-7{,}89)}$	$\frac{-8}{-4+5:(-8)}=\frac{-8}{-4\frac{5}{8}}\approx 2$	1,70217	1,70

Seite 62 | Aufgabe 16

a) 110; 92; −140; 28; −10; 3 b) −1; 12; −1; −2; −6; 137 c) 75; −30; 4; 5; −20; 1; 52

Seite 62 | Aufgabe 17

TR-abhängig:

a) $\frac{40}{100}$ b) $\frac{1}{2 \cdot 5}$ c) 3 + 4 + 4 (bei Konstantenautomatik)

Seite 62 | Aufgabe 18

$(-2\cdot\frac{1}{2}+4^2):2=7{,}5$ (Quotient)

$-(2\cdot\frac{1}{2}+4)^2:2=-12{,}5$ (Quotient)

$(-2\cdot\frac{1}{2}+4)^2:2=4{,}5$ (Quotient)

$-2\cdot(\frac{1}{2}+4^2):2=-17$ (Produkt)

$-(2\cdot\frac{1}{2}+4^2:2)=-9$ (Entgegengesetzte Zahl einer Summe)

2.9 Eigenschaften von Zahlenmengen erkennen

Seite 63 | Einstieg

Da $\mathbb{N}\subset\mathbb{Z}$, aber auch $\mathbb{Q}_+\subset\mathbb{Q}$ ist, sind beide Sachverhalte mit dem Mengendiagramm darstellbar.

Seite 63 | Aufgabe 1

	6,05	-35	$-\frac{4}{3}$	$5,\overline{7}$	991	-0,009	-88	89	$\frac{8}{7}$	$8\frac{2}{5}$	235	$-8\frac{2}{5}$	$-\frac{1}{1}$	$\frac{1}{3}$
$\mathbb{N}$	—	—	—	—	✓	—	—	✓	—	—	✓	—	—	—
$\mathbb{Z}$	—	✓	—	—	✓	—	✓	✓	—	—	✓	—	—	—
$\mathbb{Q}_+$	✓	—	—	✓	✓	—	—	✓	✓	✓	✓	—	—	✓
$\mathbb{Q}$	✓	✓	✓	✓	✓	✓	✓	✓	✓	✓	✓	✓	✓	✓

Seite 63 | Aufgabe 2

a) −10; −5; $-\frac{1}{3}$; $-0,\overline{6}$; −50,005

b) −10; −5; $\frac{1}{3}$; $0,7\overline{6}$; --9

Seite 64 | Aufgabe 3

a) $\mathbb{Q}$ b) $\mathbb{N}$ $\mathbb{N}$; $\mathbb{Z}$; $\mathbb{Q}_+$; $\mathbb{Q}$

c) $\mathbb{Q}_+$; $\mathbb{Q}$ d) $\mathbb{Z}$; $\mathbb{Q}$

Seite 64 | Aufgabe 4

a)

	3	-4	605	-6055	$2\frac{4}{9}$	0,9	$-\frac{44}{23}$	$-7,\overline{1}$	0	-51	49	-8,1	$\frac{18}{17}$	235	$-2\frac{3}{8}$
$\mathbb{N}$	✓	—	✓	—	—	—	—	—	✓	—	✓	—	—	✓	—
$\mathbb{Z}$	✓	✓	✓	✓	—	—	—	—	✓	✓	✓	—	—	✓	—
$\mathbb{Q}_+$	✓	—	✓	—	✓	✓	—	—	✓	—	✓	—	✓	✓	—
$\mathbb{Q}$	✓	✓	✓	✓	✓	✓	✓	✓	✓	✓	✓	✓	✓	✓	✓

b) $E \subset \mathbb{Z}$; $E \subset \mathbb{Q}_+$; $E \subset \mathbb{Q}$; $F \subset \mathbb{Q}$; $G \subset \mathbb{Q}$ $H \subset \mathbb{Q}$; $H \subset Z$

Seite 64 | Aufgabe 5

a) wahr b) falsch c) wahr d) wahr e) falsch f) wahr
g) falsch h) wahr i) wahr j) wahr k) wahr l) wahr

Seite 64 | Aufgabe 6

a) 1; 2; 3; 4; 5 b) −1; −2; −3; −4; −5 c) 0; −1; −2,5; −3; $-\frac{1}{3}$

Seite 64 | Aufgabe 7

a)

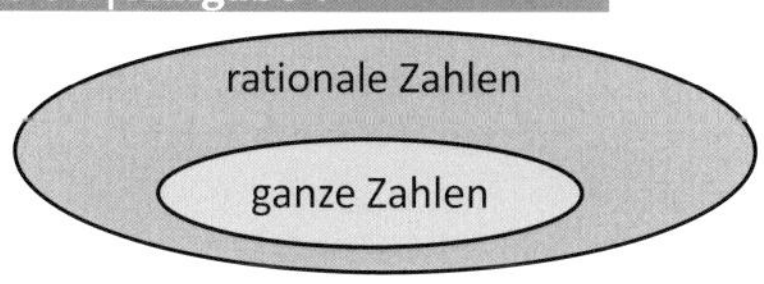

b)

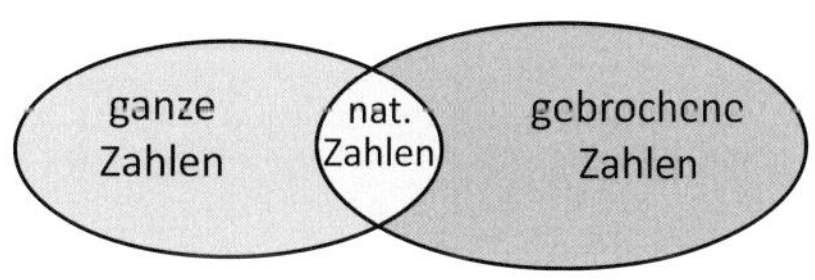

Seite 64 | Aufgabe 8

$\mathbb{N}$: 5 – 10; 2 – 8; 10 : 3 $\mathbb{Z}$: 5 : 10; 2 : 8; 10 : 3 $\mathbb{Q}_+$: 5 – 10; (2 – 8) : 5; (2 – 3)

Seite 64 | Aufgabe 9

a) Wahr Subtraktion ganzer Zahlen im Bereich der ganzen Zahlen $\mathbb{Z}$ immer möglich.
b) Falsch Division ganzer Zahlen ist nur im Bereiche der rationalen Zahlen $\mathbb{Q}$ uneingeschränkt möglich.
c) Falsch Ganze Zahlen haben einen unmittelbaren Nachfolger, sie liegen nicht dicht.

Seite 64 | Aufgabe 10

a) $\mathbb{Q}_+$; $\mathbb{Q}$ b) $\mathbb{Z}$; $\mathbb{Q}$ c) $\mathbb{Q}_+$; $\mathbb{Q}$

Seite 64 | Aufgabe 11

a) $-5 < -4{,}97 < -4{,}95 < -4{,}92 < -4{,}9$
b) $-5{,}02 < -5{,}017 < -5{,}015 < -5{,}012 < -5{,}01$
c) $-5 = -\frac{300}{60} < -\frac{299}{60} < -\frac{298}{60} < -\frac{297}{60} < -\frac{296}{60} = -\frac{74}{15}$
d) $-\frac{74}{15} = -\frac{296}{60} < -\frac{295}{60} < -\frac{294}{60} < -\frac{293}{60} < -\frac{292}{60} = -\frac{73}{15}$

Seite 64 | Aufgabe 12

a) z.B.: 1,8; 2; 2,1 b) z.B.: 1,8; 1,9; 1,85 c) z.B.: 1,78; 1,77; 1,765 d) z.B.: 1,735; 1,736; 1,737

2.10 Quadratwurzeln und Kubikwurzeln berechnen

Seite 65 | Einstieg

$A = 25\ m^2$ → Für die Seitenlänge a gilt: $a = 5$ m, denn $a^2 = (5\ m)^2 = 25\ m^2$
$V = 8\ m^3$ → Für die Seitenlänge a gilt: $a = 2$ m, denn $a^3 = (2\ m)^3 = 8\ m^3$

Seite 66 | Aufgabe 1

a) $\sqrt{64} = 8$ b) $\sqrt{\frac{16}{81}} = \frac{4}{9}$ c) $\sqrt{0{,}09} = 0{,}3$
d) $\sqrt{-16} =$ n.l. e) $\sqrt{(-3)^2} = 3$ f) $\sqrt{11^2} = 11$
g) $\sqrt{4 \cdot 100} = 20$ h) $\sqrt{9^2 - 81} = 0$ i) $\sqrt{4} : \sqrt{49} = \frac{2}{7}$
j) $\sqrt{800 + 100} = 30$ k) $2\sqrt{49} = 2 \cdot 7 = 14$ l) $-2 : \sqrt{(-6)^2} = -\frac{1}{3}$

Seite 66 | Aufgabe 2

a) $\sqrt{16} + \sqrt{9} > \sqrt{16 + 9}$ b) $\sqrt{16} \cdot \sqrt{9} = \sqrt{16 \cdot 9}$ c) $\sqrt{100 - 36} > \sqrt{100} - \sqrt{36}$
d) $\sqrt{36} : \sqrt{9} = \sqrt{36 : 9}$ e) $\sqrt{64} : \sqrt{4} = \sqrt{64 : 4}$ f) $\sqrt{0 \cdot 16} = \sqrt{0} \cdot \sqrt{16}$

Seite 66 | Aufgabe 3

a) $\sqrt{4 + 3 \cdot 7} = 5$ b) $\frac{\sqrt{49}}{2 \cdot 3 + 1} = 1$ c) $\frac{\sqrt{81}}{\sqrt{9}} = 3$
d) $\sqrt{\frac{81}{9}} = 3$ e) $\sqrt{(-6)^2 + (-5)^2} = 31$ f) $\sqrt{0{,}09} \cdot \sqrt{100} = 3$
g) $\sqrt{0{,}36} - 2 \cdot \sqrt{0{,}04} = 0{,}2$ h) $-2 + 0{,}5 : \sqrt{0{,}16} = -\frac{3}{4}$ i) $\frac{\sqrt{625}}{\sqrt{0{,}25} \cdot \sqrt{0{,}01}} = 500$

Seite 66 | Aufgabe 4

a) $\sqrt{37} = 6{,}08$
b) $\frac{\sqrt{491}}{23{,}7} = 0{,}93$
c) $\frac{\sqrt{8123}}{\sqrt{91}} = 9{,}45$
d) $\sqrt{\frac{63}{9}} = 2{,}65$
e) $\sqrt{-6{,}12^2 + (-5{,}1)^2} = \text{n.l.}$
f) $\sqrt{0{,}09} \cdot \sqrt{10} = 0{,}95$
g) $\sqrt{0{,}3} - 2 \cdot \sqrt{0{,}4} = -0{,}72$
h) $-2 + 0{,}5 : \sqrt{0{,}1} = -0{,}42$
i) $\frac{\sqrt{600}}{\sqrt{0{,}25} \cdot \sqrt{20}} = 10{,}95$

Seite 67 | Aufgabe 5

a) $\sqrt[3]{64} = 4$
b) $\sqrt[3]{8} = 2$
c) $\sqrt[3]{0{,}008} = 0{,}2$
d) $\sqrt[3]{1000} = 10$
e) $\sqrt[3]{0{,}001} = 0{,}1$
f) $\sqrt[3]{0{,}1^3} = 0{,}1$
g) $\sqrt[3]{0{,}027} = 0{,}3$
h) $\sqrt[3]{\frac{8}{125}} = \frac{2}{5}$
i) $\sqrt[3]{\frac{2 \cdot 32}{27}} = \frac{4}{3}$
j) $\left(\sqrt[3]{27}\right)^3 = 27$
k) $\sqrt[3]{\frac{8}{27}} = \frac{2}{3}$
l) $\sqrt[3]{-8} = \text{n.l.}$

Seite 67 | Aufgabe 6

	Überschlag	TR-Ergebnis/ Auf Tausendstel gerundetes Ergebnis
a)	$\sqrt[3]{27} = 3$	3,34716 / 3,347
b)	$\sqrt[3]{64} = 4$	4,64159 / 4,642
c)	$\sqrt[3]{125} = 5$	5,11086/ 5,111
d)	$\sqrt[3]{1} = 1$	1,06266 / 1,063
e)	$\sqrt[3]{216} = 6$	5,95334 / 5,953
f)	$\sqrt[3]{27} = 3$	3,14138 / 3,141
g)	$\sqrt[3]{512} = 8$	7,89979 / 7,900
h)	$\sqrt[3]{0{,}001} = 0{,}1$	0,181712 / 0,182
i)	Genauer Wert; kann ohne TR ermittelt werden	$\sqrt[3]{0{,}064} = 0{,}4$
j)	$\sqrt[3]{\frac{8}{27}} = \frac{2}{3} = 0{,}\overline{6}$	0,629961 / 0,630

Seite 68 | Aufgabe 7

a)	0,125	rationale Zahl	endlicher Dezimalbruch
b)	1,234567891011...	irrationale Zahl	unendlicher, nichtperiodischer Dezimalbruch
c)	$\sqrt{36}$	rationale Zahl	Umwandlung in natürliche Zahl möglich
d)	123,01001000100001...	irrationale Zahl	unendlicher, nichtperiodischer Dezimalbruch

Seite 68 | Aufgabe 8

a) Wahr (denn ganze Zahl)
b) Wahr (unendlicher periodischer Dezimalbruch)
c) Falsch (Irrationale Zahl, denn unendlicher, nichtperiodischer Dezimalbruch)
d) Wahr (Irrationale Zahl, denn unendlicher, nichtperiodischer Dezimalbruch)
e) Wahr (unendlicher periodischer Dezimalbruch)
f) Falsch (irrationale Zahl, unendlicher, nichtperiodischer Dezimalbruch)
g) Wahr (endlicher Dezimalbruch)
h) Wahr (natürliche Zahl)
i) Falsch (Aus einer negativen Zahl kann man keine Kubikwurzel ziehen.)

Seite 68 | Aufgabe 9

a) (1) $144 = 12^2$ → $\sqrt{144} = 12$
(2) $125 = 5^3$ → $\sqrt[3]{125} = 5$
(3) $(-5)^2 = 25 = 5^2$ → $\sqrt{(-5)^2} = \sqrt{25} = 5$
(4) $\sqrt[3]{(-3)^3} = \sqrt[3]{-27}$ → n.l.; Radikand < 0
(5) $-2 + 3 \cdot 9 = 25 = 5^2$ → $\sqrt{-2 + 3 \cdot 9} = \sqrt{25} = 5$

b) (1) Ü: 9
$\sqrt{87} = 9{,}33$
(2) Ü: 5
$\sqrt[3]{128} = 5{,}04$
(3) Ü: 5
$\sqrt{2{,}1^2 + 3{,}8^2} = 4{,}34$
(4) Ü: 3
$\sqrt[3]{27{,}8} = 3{,}03$
(5) Ü: 30
$\sqrt[3]{28000} = 30{,}37$

Seite 68 | Aufgabe 10

a) 2 und 3 b) 6 und 7 c) 1 und 2 d) 2 und 3 e) 1 und 2 f) 4 und 5 g) 0 und 1

Seite 68 | Aufgabe 11

a) $\sqrt{3{,}5 \cdot 7 - 5} - 10 = -5{,}58$

b) $10 - 3{,}5 \cdot \sqrt{49 - 6{,}3^2} = -0{,}68$

c) $3 - 0{,}5 \cdot \sqrt[3]{49} = 1{,}17$

d) $\sqrt[3]{3{,}7 + 1{,}5^3} - 10 = -8{,}08$

e) $\sqrt[3]{3 + 4 \cdot 0{,}25} - (-\sqrt[3]{81}) = 5{,}91$

f) $-\frac{2}{5} \cdot \sqrt[3]{19 - 5 : 2} = -1{,}02$

g) $\sqrt{17} - 0{,}3 : \sqrt[3]{24} = 4{,}02$

h) $\sqrt{15} + 0{,}5 \cdot \sqrt[3]{15} = 5{,}11$

Seite 68 | Aufgabe 12

Ü: $30^3 = 27000 \not\approx 2\,515$; $(\sqrt[3]{2515{,}456} = 13{,}6)$

Seite 69 | Aufgabe 13

a) 16 b) 125 c) 256 d) 3 e) 3 f) 256 g) 3 h) 729

i) −2 j) $\frac{1}{32}$ k) 25 l) 27

Seite 69 | Aufgabe 14

(1) $\sqrt{25} = 5$ (2) Radikand negativ (3) $\sqrt{0} = 0$ (4) Division durch Null (5) $\sqrt{|-9|} = 3$

Seite 69 | Aufgabe 15

① $\frac{1}{8} = 0{,}125$ ② $\frac{1}{3} = 0{,}3333333...$ ③ $\sqrt{0{,}5} = 0{,}707106781...$

Seite 69 | Aufgabe 16

a) Nach Erklärung (Wissenskasten LB, S. 65) darf $\sqrt{a}$ nicht negativ sein. ($\sqrt{9} = 3$ und nicht − 3.)

b) b) Nach Erklärung (Wissenskasten LB, S. 66) darf der Radikand nicht negativ sein. $\sqrt[3]{-27}$ ist nicht erklärt.

Seite 69 | Aufgabe 17

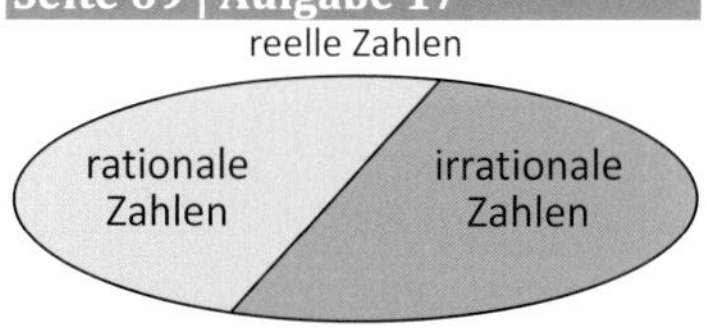

Seite 69 | Aufgabe 18

Es werden 7 Rollen Maschendrahtzaun benötigt. $(\frac{\sqrt{40\,000\,m^2}}{30\,m} = 6\frac{2}{3})$

Seite 69 | Aufgabe 19

$1{,}45\,hl = 145$ Liter $\hat{=}\ 145\,dm^3 = 145\,000\,cm^3$

innere Kantenlänge: $\sqrt[3]{145\,000\,cm^3} = 52{,}6$ cm (Es muss aufgerundet werden.)

äußere Kantenlänge: $52{,}5\,cm + 2 \cdot 0{,}4\,cm = 53{,}4\,cm$

Seite 69 | Aufgabe 20

Umfang u des Grundstücks von Herrn Meyer: $u = 2 \cdot (25m + 64\,m) = 178\,m$

Umfang u_1 des Grundstücks von Herrn Schulze: $u_1 = 4 \cdot \sqrt{25\,m \cdot 64\,m} = 160\,m$

Herr Schulze benötigt für seinen 18 m kürzeren Zaun weniger Material zum Einzäunen.

Seite 69 | Aufgabe 21

Würfel aus Stahl: $a = \sqrt[3]{\frac{100}{7{,}85}\,cm^3} = 2{,}34\,cm$

Würfel aus Aluminium: $a = \sqrt[3]{\frac{100}{2{,}7}\,cm^3} = 3{,}33\,cm$

Seite 69 | Aufgabe 22

Kantenlänge a: $a = \sqrt{\frac{56}{28}\,cm^2} = 1{,}41\,cm$

Volumen V: $V = \left(\sqrt{\frac{56}{28}\,cm^2}\right)^3 = 2{,}83\,cm^3$

Seite 69 | Aufgabe 23

Grünes Quadrat: $A = 2\,dm^2$ ($1\,dm^2$ sichtbar; $1\,dm^2$ vom blauen Quadrat verdeckt); $a = \sqrt{2\,dm^2} = 1{,}41\,dm$

Gelbes Quadrat: $A = 4\,dm^2$ (doppelte Fläche des grünen Quadrats); $a = \sqrt{4\,dm^2} = 2\,dm$

2.11 Mit Näherungswerten rechnen

Seite 70 | Einstieg

Christin hat Höhe und Seite der Wandfläche auf Zentimeter genau gemessen. Es sind Näherungswerte.

Für die weitere Rechnung gibt es zwei Möglichkeiten. Die Größe der Wandfläche liegt ungefähr zwischen 14,32 m^2 und 14,40 m^2.

Seite 71 | Aufgabe 1

	(1) Hausnummer	(2) Vaters Gewicht	(3) Brockenhöhe	(4) Wurst-Kosten
a)	genauer Wert	Näherungswert	Näherungswert	genauer Wert
b)	-	[78,35 kg; 78,45 kg]	[1141,5 m; 1142,5 m]	-

Seite 71 | Aufgabe 2

a) $14{,}45\text{ s} \leq t \leq 14{,}55\text{ s}$
b) $31{,}5\text{ m} \leq h \leq 32{,}5\text{ m}$
c) $4{,}45\text{ cm} \leq a \leq 4{,}55\text{ cm}$
d) $26{,}5\text{ t} \leq m \leq 27{,}5\text{ t}$
e) $11{,}95\text{ m}^2 \leq A \leq 12{,}05\text{ m}^2$

Seite 72 | Aufgabe 3

a) $124{,}5\text{ m} + 65{,}89\text{ m} \approx 190{,}4\text{ m}$
b) $48{,}6\text{ cm}^2 - 11{,}32\text{ cm}^2 \approx 37{,}3\text{ cm}^2$
c) $45{,}85\text{ t} + 8{,}567\text{ t} \approx 54{,}42\text{ t}$
d) $3{,}8\text{ cm} + 0{,}9\text{ cm} \approx 4{,}7\text{ cm}$
e) $32{,}7\text{ kg} - 3{,}56\text{ kg} - 5\text{ kg} \approx 24\text{ kg}$
f) $2{,}53\text{ m}^3 + 1{,}5\text{ m}^3 + 0{,}039\text{ m}^3 \approx 4{,}1\text{ m}^3$

Seite 72 | Aufgabe 4

a) $2{,}35\text{ m} \cdot 3{,}1\text{ m} \approx 7{,}3\text{ m}^2$
b) $4{,}2\text{ cm} \cdot 10{,}6\text{ cm} \cdot 9{,}8\text{ cm} \approx 440\text{ cm}^3$
c) $4{,}3\text{ cm} \cdot 18{,}1\text{ cm} \approx 78\text{ cm}^2$
d) $12{,}45\text{ cm}^2 : 3{,}4\text{ cm} \approx 3{,}7\text{ cm}$
e) $37{,}5\text{ m} : 2{,}3\text{ s} \approx 16\,\frac{\text{m}}{\text{s}}$
f) $6\text{ m}^2 : 0{,}85\text{ m} \approx 7\text{ m}$

Seite 72 | Aufgabe 5

a) $3{,}7 + 0{,}46 - 1{,}41 \approx 2{,}8$
b) $3 \cdot 3{,}7 + 1{,}41 \approx 12{,}5$
c) $0{,}46 \cdot 1{,}41 + 3{,}7 = 4{,}3$
d) $3{,}7 \cdot 1{,}41 - 0{,}46 = 4{,}8$

Seite 72 | Aufgabe 6

a) Bei den Geldbeträgen handelt es sich um genaue Werte. Sebastian hat insgesamt 32,07 €.
b) Die Dichte von Luft ist ein Näherungswert. 2 Liter Luft haben ein Gewicht von 3,2 g.

Seite 72 | Aufgabe 7

a) Messungwert Strecke $a = 5{,}0$ cm; (Näherungswert; auf Millimeter genau)
Für den genauen Wert a gilt: $4{,}95\text{ cm} \leq a \leq 5{,}05\text{ cm}$
b) Messwert Winkel $\varphi = 135°$; (Näherungswert; auf Grad genau)
Für den genauen Wert φ gilt: $134{,}5° \leq \varphi \leq 135{,}5$

Seite 72 | Aufgabe 8

Näherungswerte sind beispielsweise alle Messergebnisse (Zeitdauer, Länge, Geschwindigkeit; Schätzwerte, gerundete Zahlen). Genaue Werte sind beispielsweise Sollwerte in Bauanleitungen oder Abfahrzeiten in Fahrplänen, Lebensalter von Menschen, Anzahlen (Anzahl der Fenster in einer Wohnung oder Anzahl der Kinder in einer Familie).

Seite 72 | Aufgabe 9

a) Die Durchschnittsgeschwindigkeit eines Pkw kann nicht auf den Meter genau erfolgen.
Sinnvolle Näherungsangabe: Die Durchschnittsgeschwindigkeit betrug ca. 90 km/h.
b) Die Abfahrt eines Zuges kann nicht auf die Sekunde genau angegeben werden.
Sinnvolle Näherungsangabe: Die planmäßige Abfahrtszeit des Zuges ist 11 Uhr 9 Minuten.
c) Der Näherungswert zur Einwohnerzahl von Halle ist korrekt. (Sollte aber auch als Näherungswert bezeichnet werden.)
d) Die Entfernung zweier Großstädte kann man nicht auf 10 Meter genau angeben.
Sinnvolle Näherungsangabe: Halle und Magdeburg liegen ca. 90 km voneinander entfernt.
e) Die Nutzlast eines Lkw wird nicht auf ein Kilogramm genau angegeben, sondern in Tonnen.
Sinnvolle Näherungsangabe: Die Nutzlast des Lkw beträgt 20 t.
f) Das Gewicht eines Menschen schwankt und kann nicht auf 100 g genau angegeben werden.
Sinnvolle Näherungsangabe: Lara wiegt ca. 46 kg.

Seite 72 | Aufgabe 10

a) 38 cm
b) 39 cm^3
c) $3\,\frac{\text{m}}{\text{s}}$
d) $8{,}6\,\frac{\text{g}}{\text{cm}^3}$
e) -2
f) 50

Seite 73 | Aufgabe 11

Näherungswert	Bereich (Intervall), in dem der genaue Wert liegt	
5,08 mg	5,08 mg $\pm$ 0,005 mg	5,075 mg $\leq$ m $\leq$ 5,085 mg
12,1 cm	12,1 cm $\pm$ 0,05 cm	12,05 cm $\leq$ s $\leq$ 12,15 cm
3,094 kg	3,094 kg $\pm$ 0,0005 kg ($\pm$ 0,5 g)	3,0935 kg $\leq$ m $\leq$ 3,0945 kg
8,0 km	8,0 km $\pm$ 0,05 km ($\pm$ 50 m)	7,95 km $\leq$ s $\leq$ 8,05 km
20,0 ml	20,0 ml $\pm$ 0,05 ml	19,95 ml $\leq$ V $\leq$ 20,05 ml
22,50 m^2	22,50 m^2 $\pm$ 0,005 m^2	22,495 m^2 $\leq$ A $\leq$ 22,505 m^2

Seite 73 | Aufgabe 12

Kevin hat Recht

a) Auch wenn es sich bei den Geldwerten um genaue Werte handelt, sind die Euro-Geldbeträge am Schluss der Rechnung auf zwei Stellen nach dem Komma (Cent-Genauigkeit) zu runden.

b) Auch wenn der Lkw nur 4,8 mal beladen wird, ist die Anzahl der Fahrten auf ganze Zahlen (5 Fahrten) zu runden.

c) Bei der Gesamtanzahl an Zuschauern handelt es sich um eine ungefähre Größenangabe. Die Gesamtanzahl der Zuschauer ist ein Näherungswert mit 3 Ziffern Genauigkeit; die Nullen dienen zur Größenangabe; 30600 Zuschauer pro Spiel

Seite 73 | Aufgabe 13

Tim hat nicht Recht. Der Faktor 4 in der Formel ist ein genauer Wert. Die Genauigkeit richtet sich nach der Genauigkeit des Messwertes, also ist der Umfang mit 8,8 cm korrekt angegeben.

Seite 73 | Aufgabe 14

Das Ergebnis hängt von der Größe der Streichholzschachtel ab. (Beispiel: $V = 5{,}2\text{ cm} \cdot 3{,}5\text{ cm} \cdot 1{,}5\text{ cm} \approx 27\text{ cm}^3$)

Seite 73 | Aufgabe 15

a) 4,5 (4,47 ; 4,466) b) 5,9 (5,89 ; 5,889) c) – 8,6 (– 8,62; – 8,616)

d) 2,6 (2,65 ; 2,646) e) 2,1 (2,08 ; 2,080) d) 0,3 (0,33; 0,333)

Seite 73 | Aufgabe 16

Für den Zaun werden mindestens 50 Rollen Maschendrahtzaun benötigt. ($\frac{4 \cdot \sqrt{140\,000}}{30} = 49{,}9 \approx 50$)

Seite 73 | Aufgabe 17

a) Luca ermittelt die Flächeninhalte mit den Längen an den Intervallgrenzen.

$(4{,}55\text{ cm})^2 \leq a^2 \leq (4{,}65\text{ cm})^2$, d.h. $20{,}7025\text{ cm}^2 \leq A \leq 21{,}6225\text{ cm}^2$

b) Intervall für die Seitenlänge: $3{,}8078\text{ m} \leq a \leq 3{,}9370\text{ m}$

Streifzug: Rechenspiele

Seite 74 Aufgabe 1

Waagerecht:		Senkrecht:	
1.	14,36	1.	1,6
2.	-7,1	2.	-15
3.	100	3.	17
4.	-2	4.	-60,58
5.	-25,86	6.	1,6
7.	5,6	7.	540,52

Seite 74 Aufgabe 2

a) $-(-0{,}5-100)\cdot(-12{,}8)\cdot 44{,}6\cdot(-5{,}9)\cdot 7 = 2\,369\,523{,}072$

b) $(-0{,}5-100)\cdot(-12{,}8)\cdot 44{,}6\cdot(-5{,}9)\cdot 7 = -2\,369\,523{,}072$

c) $0{,}5:(-100\cdot(-12{,}8)\cdot 44{,}6\cdot(-5{,}9)\cdot 7) = -0{,}000000212 = -2{,}12\cdot 10^{-7}$

Seite 74 Aufgabe 3

Individuelle Lösungen.

Seite 74 Aufgabe 4

a) $8{,}6 + (-1{,}8) = 6{,}8$ b) $1{,}5 - 3{,}6 = -2{,}1$ c) $-5{,}2 \cdot 1{,}5 = -7{,}8$

d) $3{,}6 : (-1{,}8) = -2$ e) $3{,}6 \cdot 3{,}6 = 12{,}96$

Seite 74 Aufgabe 5

Individuelle Lösungen.

Seite 74 Aufgabe 6

Individuelle Lösungen.

2.12 Vermischte Aufgaben

Seite 76 | Aufgabe 1

a) $-0{,}3$ b) -3 c) $-\frac{1}{16}$ d) 0

Seite 76 | Aufgabe 2

$-8;\ -5{,}5;\ -5;\ -4;\ -\frac{5}{2};\ -2{,}2;\ -1{,}5;\ -1;\ -0{,}5;\ 0;\ 0{,}02;\ \frac{1}{3};\ \frac{3}{4};\ 2;\ 3;\ 6{,}5;\ 10$

a) $-3 < x$ $-\frac{5}{2};\ -2{,}2;\ -1{,}5;\ -1;\ -0{,}5;\ 0;\ 0{,}02;\ \frac{1}{3};\ \frac{3}{4};\ 2;\ 3;\ 6{,}5;\ 10$

b) $-1 < x < 1$ $-0{,}5;\ 0;\ 0{,}02;\ \frac{1}{3};\ \frac{3}{4}$

c) $x < -2$ $-8;\ -5{,}5;\ -5;\ -4;\ -\frac{5}{2};\ -2{,}2$

Seite 76 | Aufgabe 3

a) Wahr, denn denn die Summe zweier negativer Zahlen ist eine negative Zahl und der Betrag der Summe ist größer als der Betrag jedes Summanden.
b) Falsch; Gegenbeispiel: $3 + (-3) = 0$
c) Falsch; Ein Quotient ist genau dann gleich Null, wenn der Dividend gleich Null ist.
d) Falsch; Ein Produkt ist immer dann positiv, wenn keine negativen Faktoren auftreten oder deren Anzahl geradzahlig ist.

Seite 76 | Aufgabe 4

a) $-11 \cdot 1{,}5 + 1{,}5 \cdot 19 = 1{,}5\,(-11 + 19) = 12$ Vorzeichenfehler beim Ausklammern
b) $-13 \cdot 84 + 16 = -1092 + 16 = -1076$ Punktrechnung vor Strichrechnung
c) $-1{,}2 \cdot 1{,}6 - 1{,}2 \cdot 0{,}4 - 1{,}2 = -1{,}2\,(1{,}6 + 0{,}4 + 1) = -3{,}6$ Fehler beim Ausklammern
d) $3 \cdot \frac{2}{3} - 4 = 2 - 4 = -2$ Fehler bei Bruchrechnung

Seite 76 | Aufgabe 5

T_C in °C	−10	−15	−4	14	−65	−20	−17,8	10
T_F in °F	14	5	24,8	57,2	−85	−4	0	50

Seite 76 | Aufgabe 6

a) An der Abszisse gespiegelte Punkte:
A'(1|−2); B'(5|1); C'(4|−4)

b) An der Ordinate gespiegelte Punkte:
A''(−1|2); B''(−5|−1); C''(−4|4)

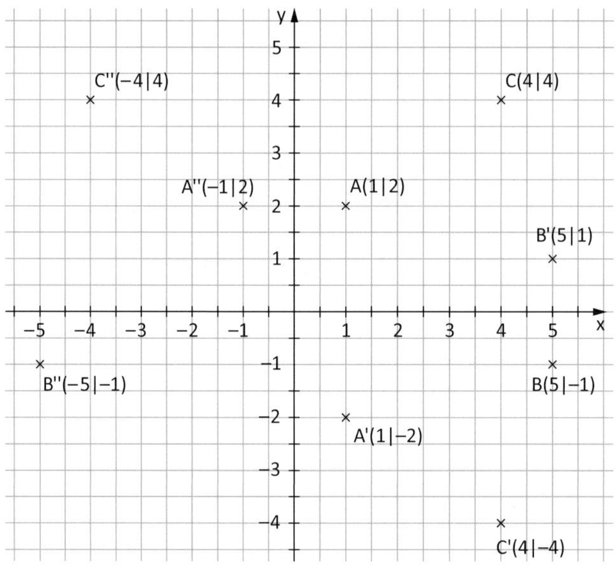

Seite 76 | Aufgabe 7

x	4	9	0,2	27	2	$\sqrt{10}$
x^2	16	81	0,04	729	4	10
x^3	64	729	0,008	19 683	8	31,62
$\sqrt{x}$	2	3	0,14	5,20	1,41	1,19
$\sqrt[3]{x}$	1,59	2,08	0,58	3	1,26	1,47

Seite 76 | Aufgabe 8

a) $\sqrt{-0{,}01 \cdot 4} - 0{,}5 = -0{,}3$
Term: Differenz
Teilterm: Wurzel

b) $(-0{,}1 \cdot 2)^3 = -0{,}008$
Term: Potenz
Teilterm: Produkt

c) $(-2 + (-3)) \cdot \sqrt[3]{\frac{-8}{-0{,}001}} = -100$
Term: Produkt
Teilterme: Quotient, Wurzel, Summe

Seite 77 | Aufgabe 9

a) $8 : x = -2 \rightarrow x = -4$
b) $-16 : x = 4 \rightarrow x = -4$
c) $-\frac{2}{3} + x = -1\frac{1}{3} \rightarrow x = -\frac{2}{3}$
d) $-x = 5 + 2 \rightarrow x = -7$
e) $|x| = 2{,}5 \rightarrow x = \pm 2{,}5$
f) $2\sqrt{x} = 4 \rightarrow x = 4$
g) $\sqrt[3]{x} + 4 = 6 \rightarrow x = 8$
h) $-\frac{\sqrt[3]{x}}{3} = -1 \rightarrow x = 27$
i) $-4 \cdot (-x) = 1 \rightarrow x = \frac{1}{4}$
j) $x^2 = -2 \rightarrow$ n. l. in $\mathbb{R}$
k) $\sqrt{x} = x \rightarrow x = 1$
l) $36 : \sqrt{x} = \sqrt{x} \rightarrow x = 36$
m) $\sqrt{x} = \sqrt[3]{x} \rightarrow x = 1$
n) $\sqrt{x : \sqrt{x}} = 1 \rightarrow x = 1$
o) $\sqrt[3]{|-1|} = x + 1 \rightarrow x = 0$

Seite 77 | Aufgabe 10

a) $3{,}3^2 < 3{,}4^2$
b) $\left(\frac{3}{4}\right)^2 = 0{,}75^2$
c) $\sqrt{3} > \sqrt[3]{3}$
d) $(-1{,}2)^2 > 1{,}1^2$

Seite 77 | Aufgabe 11

a) Wahr, denn die Wurzel aus einer rationalen Zahl ist entweder rational oder irrational, also eine reelle Zahl.

b) Falsch: denn: $\sqrt{\frac{4}{9}} = \frac{2}{3}$

c) Falsch, denn Aus -1 kann man beispielsweise keine Kubikwurzel ziehen.

d) Falsch, denn: $\sqrt{\frac{4}{9}} = \frac{2}{3}$, aber $\frac{2}{3} > \frac{4}{9}$

e) Wahr, da die dritte Potenz einer Zahl a (mit $a < 1$ und $a \geq 0$) stets kleiner als 1 ist.

Seite 77 | Aufgabe 12

a) $a = 12$ cm
b) $a = 15$ dm
c) $a = 7$ cm
d) $a = 4$ cm

Seite 77 | Aufgabe 13

Untere Grenze $< \sqrt{11} <$ Obere Grenze	Intervallmitte	Prüfung
$3 < \sqrt{11} < 4$	$(3 + 4) : 2 = 3{,}5$	$3{,}5^2 = 12{,}25 > 11$
$3 < \sqrt{11} < 3{,}5$	$(3 + 3{,}5) : 2 = 3{,}25$	$3{,}25^2 = 10{,}56 < 11$
$3{,}25 < \sqrt{11} < 3{,}5$	$(3{,}25 + 3{,}5) : 2 = 3{,}375$	$3{,}375^2 = 11{,}39 > 11$
$3{,}25 < \sqrt{11} < 3{,}375$	$(3{,}25 + 3{,}375) : 2 \approx 3{,}313$	$3{,}313^2 = 10{,}98 < 11$
$3{,}313 < \sqrt{11} < 3{,}375$	$(3{,}313 + 3{,}375) : 2 \approx 3{,}344$	$3{,}344^2 = 11{,}18 > 11$
$3{,}313 < \sqrt{11} < 3{,}344$		

$\mathbf{\sqrt{11} \approx 3{,}3}$

Mögliche Beschreibung des Verfahrens:

Lege zwei Näherungszahlen a und b ($a < b$) fest, zwischen denen die gesuchte Wurzel ($\sqrt{n}$) liegt und bilde das arithmetische Mittel aus a und b: $\frac{a+b}{2} = x$

Ist $x^2 > n$, so wähle x als neue obere Grenze und behalte die alte untere Grenze bei.

Ist $x^2 < n$, so wähle x als neue untere Grenze und behalte die alte obere Grenze bei.

Wiederhole die Schritte 2 und 3, bis die gewünschte Genauigkeit erreicht ist.

Seite 77 | Aufgabe 14

Durchschnittstemperatur einer Januarwoche in Dessau: $-2{,}6$ °C

Alle zu addierenden Temperaturen sind auf Zehntel genau angegeben, also ist auch das Ergebnis auf Zehntel genau anzugeben.

Seite 77 | Aufgabe 15

a) $4{,}70 + 0{,}4 = 5{,}1$ $\quad 4{,}70 - 0{,}4 = 4{,}3$ $\quad 4{,}70 \cdot 0{,}4 = 2$ $\quad 4{,}70 : 0{,}4 = 10$

b) $15{,}004 + 2{,}5 = 17{,}5$ $\quad 15{,}004 - 2{,}5 = 12{,}5$ $\quad 15{,}004 \cdot 2{,}5 = 38$ $\quad 15{,}004 : 2{,}5 = 6{,}0$

c) Anpassung der Maßeinheiten: 24 dm $\rightarrow$ 2,4 m

$2{,}4 + 2{,}5 = 4{,}9$ $\quad 2{,}4 - 2{,}5 = -0{,}1$ $\quad 2{,}4 \cdot 2{,}5 = 6$ $\quad 2{,}4 : 2{,}5 = 0{,}96$

3. 3. Gleichungen und Ungleichungen

3.1 Terme als Hilfsmittel nutzen

Seite 84 | Einstieg

Anzahl Kreise der nächsten 3 Muster: $x = 4 \rightarrow 16$; $x = 5 \rightarrow 25$; $x = 6 \rightarrow 36$

Anzahl Kreise im Muster x: $= x^2$

Seite 84 | Aufgabe 1

a) $2x + 3^2$ (x: beliebige Zahl) b) 2ab (a, b: beliebige Zahlen) c) $W - \frac{6W}{100}$ (W: Wert einer Aktie in €)

d) $\frac{\alpha}{2} + 2°$ (∝: Größe eines Winkels) e) 5s – 6,5 cm (s: Länge einer Strecke) f) j – s (j: Alter/Jens; s: Alter/Schwester)

Seite 85 | Aufgabe 2

a) $2 \cdot 0{,}5 + 7 = 8$ b) $(2{,}5\ \text{cm})^2 - 2\ \text{cm}^2 = 4{,}25\ \text{cm}^2$ c) $\frac{1}{a} \cdot 5 - \frac{1}{a} \cdot 2 = \frac{3}{a}$

d) $(-4)^2 - (-4) = 20$ e) $\sqrt{5{,}5 + 19{,}5} = \sqrt{25} = 5$ f) $-4 - 7 + 2 + 3 = -6$

g) $-\left(\frac{3}{2} - \frac{3}{4}\right) = -\frac{3}{4}$ h) $\frac{3}{2} \cdot 18 = 27$ i) $(3\ \text{dm})^2 + (4\ \text{dm})^2 = 25\ \text{dm}^2$

Seite 85 | Aufgabe 3

a) $4x + 3 + 5x = 9x + 3$ b) $4 + 4x + 5x = 9x + 4$ c) $4y + 0{,}5 - 7y = -3y + 0{,}5$

d) $b \cdot b \cdot b \cdot b + 2 \cdot 2 = b^4 + 4$ e) $a^2 + 3 - a^2 = 3$ f) $4{,}5 + b^2 - 2 + 2b^2 = 3b^2 + 2{,}5$

g) $4y + 4 - 0{,}7y - \frac{1}{2} = 3{,}3y + 3{,}5$ h) $2x^2 - 3x - x^2 = x^2 - 3x$ i) $3{,}75x - 5{,}5 - \frac{3}{4}x = 3x - 5{,}5$

j) $-2x + 3 - x = 3(1 - x)$ k) $3 + 2x^3 - 4 + 2x = 2x \cdot (x^2 + 1) - 1$ l) $3 \cdot 4 - x - 12 - 3x = -4x$

Seite 85 | Aufgabe 4

a) $4(3x - 2) + 3 = 12x - 5$ b) $-2(2y - 3) + 2{,}5y = -1{,}5y + 6$ c) $0{,}1a + 3(a + 3) - a = 2{,}1a + 9$

d) $3 - 0{,}5(x + 1) = -0{,}5x + 2{,}5$ e) $a \cdot a \cdot 2b \cdot a \cdot 2b \cdot b = 4a^3b^3$ f) $-1(2a + 2b) + a = -a - 2b$

g) $\frac{1}{3}x + 0{,}7 - \frac{1}{6}x = \frac{1}{6}x + 0{,}7$ h) $3{,}4 + 7(y - 3) = 7y - 17{,}6$

Seite 85 | Aufgabe 5

a) $a + a - 4 + 2a + 3 = 4a - 1$ (✓) b) $2(b - 3) - 3b = 2b - 6 - 3b = -b - 6$ c) $5a + 2a - 2 = 5a + a = 7a - 2$

Seite 86 | Aufgabe 6

a) $a(a + 1)$; $a = 11 \rightarrow 11 \cdot (11 + 1) = 11 \cdot 12 = 132$ b) $a(3 + b) - 3ab + 9a = 3a + ab - 3ab + 9a = 12a - 2ab$

Seite 86 | Aufgabe 7

a) a + b + ab (a, b: beliebige Zahlen) b) $x^3 - 3x$ (x: beliebige Zahl)

c) $G + \frac{1{,}5G}{100} = 1{,}015\ G$ (G: Guthaben in €) d) $V - \frac{3V}{100} = 0{,}97\ V$ (V: Volumen in m^3)

Seite 86 | Aufgabe 8

a) $3f + f^2 - f + 3 = f^2 + 2f + 3$ b) $-t^2 + 7t - 3t + 8t^2 = 7t^2 + 4t$

c) $3(t - 4) + 4(t + 3) = 7t$ d) $x(y + 3) + xy - x + x = 2xy + 3x$

Seite 86 | Aufgabe 9

(1) $2(a + b) = a + b \cdot 2 + a$ (3) (6) $a - b = -(-a + b)$ (9)

(2) $2a - b = b - 2(b - a)$ (7) (8) $a^2 + a = a \cdot a + a$ (4)

(5) $2a = 0{,}1a : \frac{1}{10} + a$ (10)

Seite 86 | Aufgabe 10

a) $x = 0$ b) $x = 2$ c) $x < 2$ d) $x > 2$ e) $x = 1$; $x = -2$ f) $x = -1$

Seite 86 | Aufgabe 11

a) Falsch; $2x + 3x = 5x$ b) Falsch; $2x + x \cdot x = x^2 + 2x$

c) Wahr; $x - (2y + x) = -2y$ d) Falsch; $-4(-a + b) = 4a - b$

Seite 86 | Aufgabe 12

	3	−2	0	$\frac{3}{4}$	1,5
a) $2(x - 3)$	0	−10	−6	−4,5	−3
b) $z^2 - 0{,}1$	8,9	3,9	−0,1	0,4625	2,15
c) $4 - a : 2$	2,5	5	4	3,625	3,25
d) $\lvert 1 - c \rvert$	2	3	1	0,25	0,5
e) $(x - 1)(x + 1)$	8	3	−1	−0,4375	−1,25
f) $x^2 - x$	6	6	0	−0,1875	0,75

Seite 86 | Aufgabe 13

	Überschlag	TR-Anzeige	Ergebnis
a)	$30 \cdot 10 \cdot 2 = 600$	587.6937	587,7
b)	$2(30 + 10) - 30 \cdot 10 = -220$	– 256,015	– 256,0
c)	$\frac{1}{30 \cdot 2} = \frac{1}{60} \approx 0{,}017$	0.019568	0,02
d)	entfällt	entfällt	0

Seite 86 | Aufgabe 14

$u = 2a + 2b + 2(a - b) = 4a$; $A = ab + b(a - b) = 2ab - b^2$

Seite 86 | Aufgabe 15

a) $\text{Länge}_{\text{Kanten}} = 16a$; $A_O = 2 \cdot a^2 + 4 \cdot 2a^2 = 10a^2$; $V = a \cdot a \cdot (2a) = 2a^3$

b) $L_{\text{Kanten}} = 32$ cm; $A_O = 40$ cm²; $V = 16$ cm³

Seite 86 | Aufgabe 16

a) $4x^2 + |-54| - 6x = 78 - 10x$; $x_1 = -3$; $x_2 = 2$

b) Individuelle Lösung

3.2 Gleichungen durch Umformen lösen

Seite 87 | Einstieg

Sven führt auf beiden Seiten der Waage immer die gleichen Änderungen durch. Damit hält er die Waage ständig im Gleichgewicht. Die Zahl 2 ist bei jeder Gleichung Lösung.

Seite 87 | Aufgabe 1

a) $2x - 8 = 0$ $L = \{4\}$
$3x = 12$ $L = \{4\}$
Gleichungen zueinander äquivalent

b) $x + 5 = 10$ $L = \{5\}$
$2x + 10 = 20$ $L = \{5\}$
Gleichungen zueinander äquivalent

c) $2x + 4 = 12$ $L = \{4\}$
$2x = 8$ $L = \{4\}$
Gleichungen zueinander äquivalent

d) $(x - 3) \cdot 7 = 0$ $L = \{3\}$
$7x = 0$ $L = \{0\}$
Gleichungen nicht zueinander äquivalent

e) $x = 3$ $L = \{3\}$
$x(x - 2) = 3(x - 2)$ $L = \{2;\ 3\}$
Gleichungen nicht zueinander äquivalent

f) $2x = 12$ $L = \{6\}$
$x^2 - 1 = 35$ $L = \{-6;\ 6\}$
Gleichungen nicht zueinander äquivalent

g) $5x = 60$ $L = \{12\}$
$0 \cdot x = 0 \cdot 60$ $L = \{z \text{ bel.} \in \mathbb{Z}\}$
Gleichungen nicht zueinander äquivalent

h) $3x = 21$ $L = \{7\}$
$x + 2 = 9$ $L = \{7\}$
Gleichungen zueinander äquivalent

i) $(x + 1)(x - 1) = 0$ $L = \{-1;\ 1\}$
$x^2 = 1$ $L = \{-1;\ 1\}$
Gleichungen zueinander äquivalent

Seite 88 | Aufgabe 2

a) $\frac{15}{x} + 13 = 18$; $L = \{3\}$

b) $9x - 27 = 0$; $L = \{3\}$

c) $3x - 2 = 2x + 2$; $L = \{4\}$

d) $\left(\frac{x}{4} + 0{,}5\right) \cdot 4 = 8$; $L = \{6\}$

e) $\frac{1}{6}x : 4 = 1$; $L = \{24\}$

f) $3x + 4 = 7$; $L = \{1\}$

Seite 88 | Aufgabe 3

a) äquivalent; $L = \{2\}$
$2x = 4 \quad | :2$
$x = 2$

b) äquivalent; $L = \{1\}$
$4x + 3 = 7 \quad | -3$
$4x = 4$

c) äquivalent; $L = \{3\}$
$5x - 3 = 12 \quad | +3$
$5x = 15$

d) äquivalent; $L = \{3\}$
$3x = 9 \quad | :3$
$x = 3$

e) äquivalent; $L = \{3\}$
$2(2x - 2) = 2x \quad | :2$
$2x - 2 = x$

Seite 89 | Aufgabe 4

a) $4x + 2 = 30 \quad | -2;\ :4$
$x = 7$

b) $7x + 3 = 52 \quad | -3;\ :7$
$x = 7$

c) $3x - 3 = 8x + 2 \quad | -2;\ -3x$
$x = -1$

d) $9x + 24 = 3 \cdot 7 + 3x \quad | -24;\ -3x$
$x = -0{,}5$

Seite 89 | Aufgabe 5

a) $3{,}7z - 1{,}5 = 11{,}9 - 3z \quad | +1{,}5;\ +3z;\ :6{,}7$
$z = 2$

b) $2(x+3) = x + 7 \quad | -6;\ -x$
$x = 1$

c) $5x = 3(x+2) \quad | -3x;\ :2$
$x = 3$

d) $2 + 2x = 5(x-1) \quad | +5;\ -2x;\ :3$
$x = 2\frac{1}{3}$

e) $-x + 8 = 2^2 \quad | \cdot(-1);\ +8$
$x = 4$

f) $5m + 2 = 2(m-1) \quad | -2;\ -2m;\ :3$
$x = -1\frac{1}{3}$

g) $2(x+4) = 4x - 1 \quad | -8;\ -4x;\ :(-2)$
$x = 4{,}5$

h) $4(x-3) = 2(x-8) \quad | +12;\ -2x;\ :2$
$x = -2$

i) $2(2x+1) = 2(x-2) \quad | -2;\ -2x;\ :2$
$x = -3$

Seite 89 | Aufgabe 6

a) $x = 6$
b) Die Gleichung hat im Bereich der ganzen Zahlen keine Lösung, da $2\frac{2}{3}$ keine ganze Zahl ist.
c) Die Gleichung hat im Bereich der gebrochenen Zahlen keine Lösung, da – 3 und keine gebrochene Zahl ist.

Seite 89 | Aufgabe 7

a) $12x - 3 = 27 - 3x \quad |+3x$
$15x - 3 = 27 \quad \rightarrow x = 2$

b) $-11 + 5a = a - 23 \quad |+11$
$5a = a - 12 \quad \rightarrow x = -3$

c) $2(x + 0{,}5) = 6x - 4 \quad |:2$
$x + 0{,}5 = 3x - 2 \quad \rightarrow x = \frac{5}{4}$

Seite 89 | Aufgabe 8

a) $x = 5$; $(5 \in \mathbb{Q})$; Probe: $3 \cdot 5 + 26 = 51 - 2 \cdot 5 = 41$

b) $x = 2$; $(2 \in \mathbb{N})$; Probe: $4(2-2) = 2 - 2 \cdot 2 - 2 + 4 = 0$

c) Keine Lösung, da $-3{,}5 \notin \mathbb{Z}$

d) Keine Lösung, da $-3{,}5 \notin \mathbb{N}$

Seite 89 | Aufgabe 9

a) $x = 4$ b) $x = -\frac{1}{6}$ c) $b = 3$ d) $g = 2$ e) $c = -3$ f) $x = -3$
g) $x = 4$ h) $x = 3{,}5$ i) $y = 3$ j) $z = -3{,}6$ k) $u = 4$

Seite 89 | Aufgabe 10

e) $4v - 2 - v = 0{,}5 + 3v - 2\frac{1}{2}$
$3v - 2 = 3v - 2 \quad | +2;\ :3$
$v = v$ für beliebige v

f) $-x + 1{,}5 + 2x = 3 + x$
$x + 1{,}5 = x + 3 \quad | -1{,}5;\ -x$
$0 = 1{,}5$ n. l.

Seite 89 | Aufgabe 11

a) Die Gleichung hat im Bereich der natürlichen Zahlen keine Lösung, da – 5 keine natürliche Zahl ist.
b) $y = 2$; $L=\{2\}$
c) $y = 0$; $L=\{0\}$
d) Alle rationalen Zahlen sind Lösungen der Gleichung. $L = \mathbb{Q}$
e) $a = 1{,}5$; $L=\{1{,}5\}$
f) Die Gleichung hat keine Lösung. $L=\emptyset$

Seite 89 | Aufgabe 12

a) Falsch $(x = \frac{1}{3})$ b) Richtig c) Richtig d) Richtig e) Richtig f) Richtig

Seite 89 | Aufgabe 13

a) Falsch
$2x + 3 = x \quad | -3$
$2x = x - 3 \quad | -x$
$x = -3$

b) Richtig
$2(c+3) = 4c \quad c = 3$

c) Falsch
$\frac{3u}{4} - 2 = -1 \quad | \cdot 4$
$3u - 8 = -4 \quad | +8$
$3u = 4 \quad | :3$
$u = \frac{4}{3}$

d) Falsch
$3x + 3 = 5x - 5 \quad | -3$
$3x = 5x - 8 \quad | -5x$
$-2x = -8 \quad | :(-2)$
$x = 4$

Seite 90 | Aufgabe 14

a) $3x = 1$ (Beispiel) b) $-5a - 12 = 3 \rightarrow a = -3$ c) $x + 5 = 2$; $3x + 5 = -4$ (Beispiele)

Seite 90 | Aufgabe 15

a) $A = ab;\ b = \frac{A}{a};$ A – Flächeninhalt (Rechteck); a, b – Längen der Rechteckseiten
b) $u = a + b + c;\ b = u - a - c;$ u – Umfang (Dreieck); a, b, c – Längen der Dreieckseiten
c) $A = \frac{1}{2} c\, h_c;\ h_c = \frac{2A}{c};$ A – Flächeninhalt (Dreick); c – Dreieckseite, h_c – Höhe auf Seite c
d) $u = 4a;\ a = \frac{u}{4};$ u – Umfang (Quadrat); a – Seitenlänge des Quadrates
e) $A = \frac{e \cdot f}{2};\ e = \frac{2A}{f};$ A – Flächeninhalt (Trapez); e, f – Diagonalenlängen des Trapezes
f) $m = \frac{a + c}{2};\ e = \frac{2A}{f};$ m – Mittelparallele (Trapez); a, c – Längen der parallele Seiten des Trapezes
g) $u = a + b + c + a;\ a = \frac{u - b - c}{2};$ u – Umfang (Viereck); a, b, c – Längen der Viereckseiten
h) $Z = \frac{K \cdot p}{100};\ p = \frac{100 \cdot Z}{K}$ Z – Jahreszinsen; K – Kapital; p – Zinssatz

Seite 90 | Aufgabe 16

a) $4x - 6 = 42;\ x = 12$
b) $x + 2x + 4x = 28;\ x = 4$
c) $\frac{x}{3} + \frac{x}{4} = 7;\ x = 12$
d) $2x + 2x + 2 + 2x + 4 = 252;\ x = 41;$ (gesuchte Zahlen: 82; 84; 86)

Seite 90 | Aufgabe 17

a) −31,3 b) 19,8 c) 1,7 d) 1,2 e) 1,0

Seite 90 | Aufgabe 18

$12 \cdot x = 48 \cdot 68 \rightarrow x = \frac{48 \cdot 68}{12} = 272;$ Das Buch hat 272 Seiten.

Seite 90 | Aufgabe 19

$x + (x + 4) = 14 \rightarrow x = 5;$ Die Rechteckseiten sind 5 cm und 9 cm lang.

Seite 90 | Aufgabe 20

a) $x \cdot 14\ \text{cm} = 98\ \text{cm}^2;\ x = 7\ \text{cm}$
b) $20\ \text{cm} = 2\ \text{cm} + 2{,}5\ \text{cm} + x + 3{,}5\ \text{cm} + x;\ x = 6\ \text{cm}$

Seite 90 | Aufgabe 21

$180° = 6\alpha + 2\alpha \rightarrow \alpha = 22{,}5°;$ Die beiden Basiswinkel sind jeweils 22,5° groß.

Seite 90 | Aufgabe 22

$x = \frac{250}{6{,}2} = 40{,}3;$ Man erhält 40 jeweils 6 cm lange Stücke. Es bleiben 2 cm übrig.

Seite 90 | Aufgabe 23

a)

	98	
48		50
7	41	9

$x = \frac{98 - 16}{2} = 41$

b)

	139		
	66	73	
30	36	37	
17	13	23	14

$x = \frac{139 - 100}{3} = 13$

3.3 Ungleichungen durch Umformen lösen

Seite 91 | Einstieg

Sofia hat eine richtige Ungleichung aufgestellt. Sie vergleicht die Summen der Eintrittskosten für x Vorstellungen einmal mit Theaterpass und einmal ohne Theaterpass. Der Theaterpass lohnt sich ab der 5. Vorstellung: $x > \frac{29}{16 - 9{,}5} = 4{,}5$

Seite 92 | Aufgabe 1

a) $x + 4 < 6 \rightarrow x < 2$ mit $x \in \mathbb{N}$

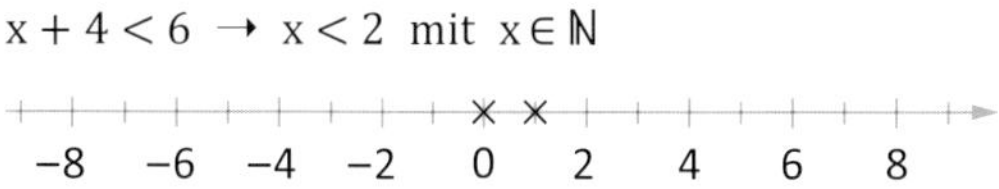

b) $x - 7 < 0 \rightarrow x < 7$ mit $x \in \mathbb{Z}$

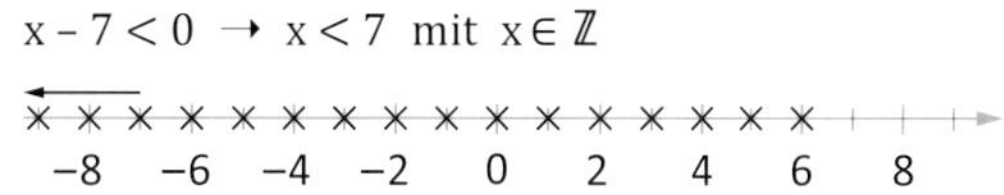

c) $x + 9 > 2 \rightarrow x > -7$ mit $x \in \mathbb{Q}$

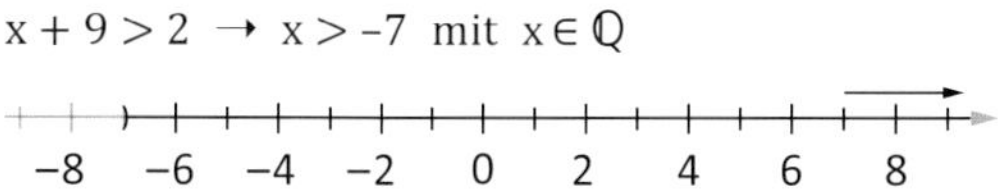

d) $4 < 6 + x \rightarrow x > -2$ mit $x \in \mathbb{Z}$

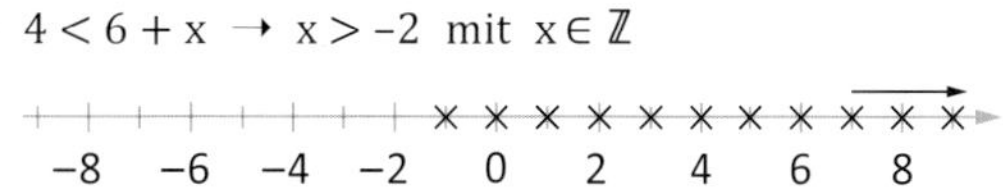

e) $-2x < 7 \rightarrow x > -3{,}5$ mit $x \in \mathbb{Z}$

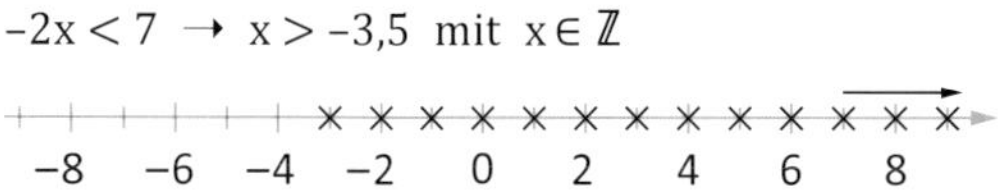

f) $-3x > -9 \rightarrow x < 3$ mit $x \in \mathbb{Z}$

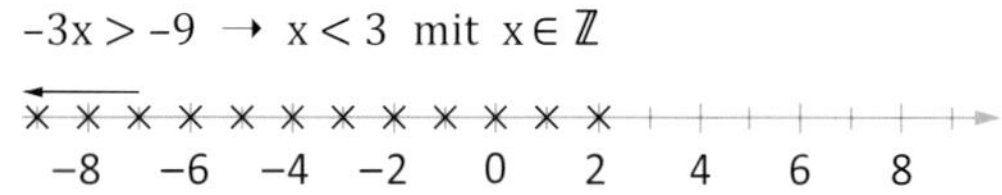

g) $2 < -4x \rightarrow x < -0{,}5$ mit $x \in \mathbb{Q}_+,\ L = \{\}$

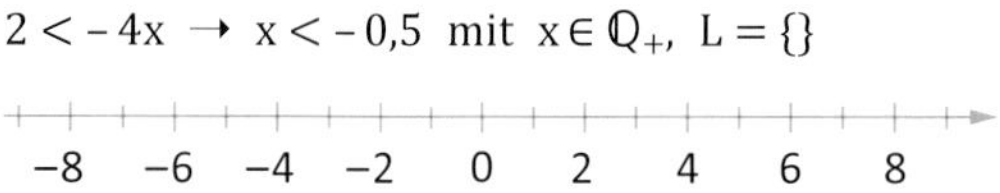

h) $23y > 5 \rightarrow y > \frac{5}{23} = 0{,}22$ mit $x \in \mathbb{N}$

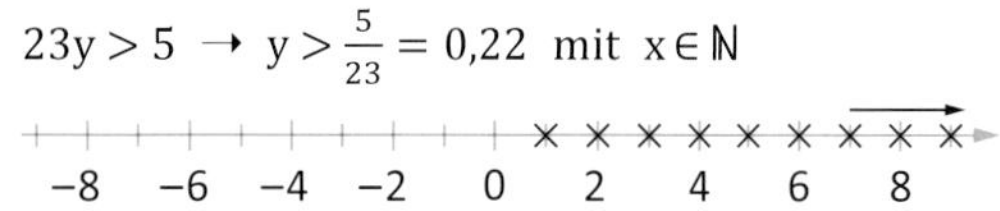

Seite 92 | Aufgabe 2

a) $x + 3 < 5 \rightarrow x < 2$ mit $x \in \mathbb{N}$

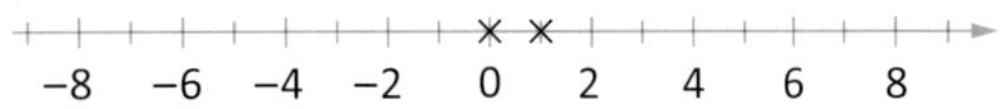

b) $-2 - x > -12 \rightarrow x < 10$ mit $x \in \mathbb{Z}$

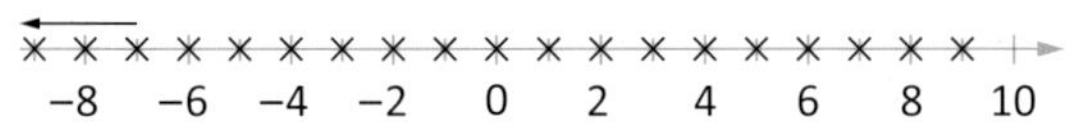

c) $0{,}5x - 1{,}8 < -0{,}5x \rightarrow x < 1{,}8$ mit $x \in \mathbb{Q}_+$

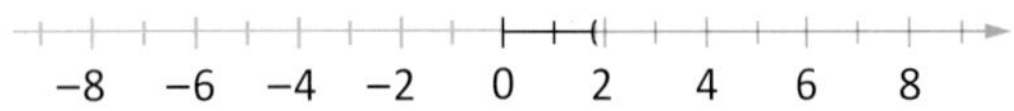

d) $x + 7 \leq 11 \rightarrow x \leq 4$ mit $x \in \mathbb{N}$

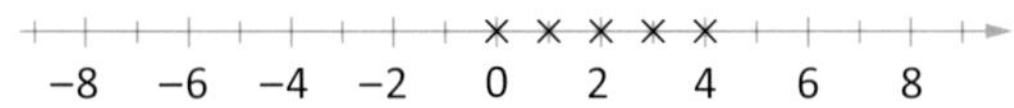

e) $2x + 3 \geq -1 \rightarrow x \geq -2$ mit $x \in \mathbb{Z}$

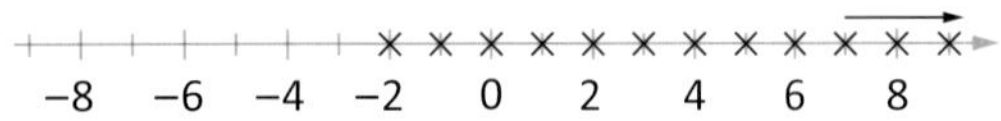

f) $-2x + 2{,}5 \leq -2{,}5 \rightarrow x \geq 2{,}5$ mit $x \in \mathbb{Q}$

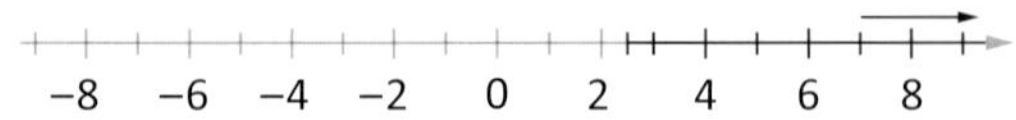

Seite 92 | Aufgabe 3

a) $x > 2$ b) $x < 10$ c) $a > 1$ d) $y > -3$ e) $x > -3$ f) $x < 3$

g) $x < 5$ h) $x > 1{,}5$ i) $x < -5$ j) $x > -5\frac{1}{3}$ k) $x < -1$ l) $x < 3$

Seite 92 | Aufgabe 4

$-12 - 2x < 2x - 2 \rightarrow x > \frac{-2 + 12}{-(2+2)} = -2{,}5$

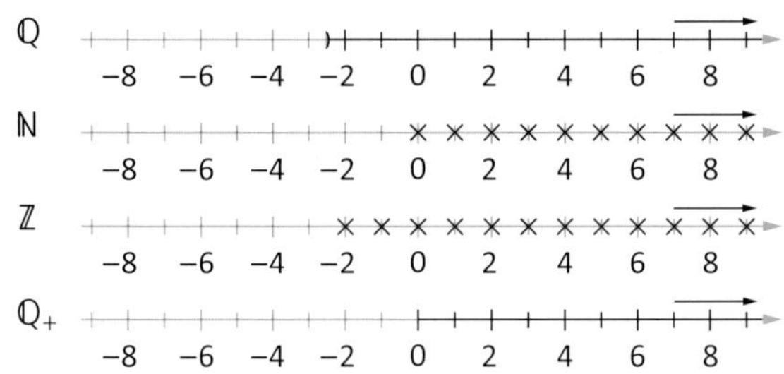

Seite 92 | Aufgabe 5

a)
$-2x + 10 < 7 \quad | -10$
$-2x < -3 \quad | :(-2)$
$x > 1{,}5$

b)
$-3x + x + 4 \geq 3 + x \quad | -4;\ -x$
$-3x \geq -1 \quad | :(-3)$
$x \leq \frac{1}{3}$

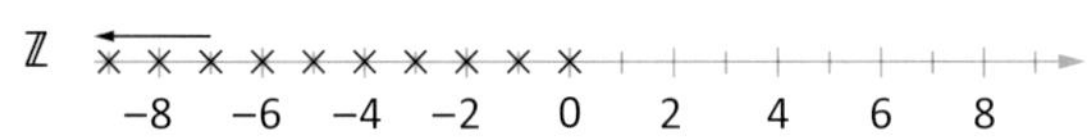

c)
$4(7 - 2x) - 14 \leq 30 \quad | -14;\ -4 \cdot 7$
$-8x \leq 16 \quad | :(-8)$
$x \geq \frac{16}{-8} = -2$

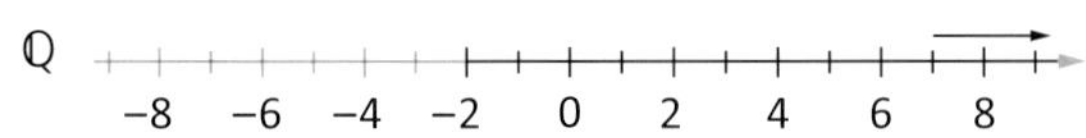

Seite 92 | Aufgabe 6

a) $5x < 45 \quad | :5 \quad \rightarrow x < 9$

b) $13 + x \leq 45 \quad | -13 \quad \rightarrow x < 32$

c) $-5x \leq 35 \quad | :(-5) \quad \rightarrow x \geq -7$

d) $\frac{2}{5}x > -2 \quad | \cdot \frac{5}{2} \quad \rightarrow x < -5$

e) $2 > -x \quad | \cdot (-1) \quad \rightarrow x > -2$

f) $17 < x - 13 \quad | -17 \quad \rightarrow 0 < x - 30$

g) $-2x + 3 > -x \quad | +x \quad \rightarrow -x + 3 > 0$

h) $-2(x + 1) \leq -14 \quad | :(-2) \quad \rightarrow x \geq 7$

Seite 92 | Aufgabe 7

a) (1) b) n. l. c) (2) d) (6) e) (4) f) (3)

Seite 92 | Aufgabe 8

a) Ja b) Ja c) Ja d) Ja

e) Nein f) Nein g) Ja h) Nein

Seite 92 | Aufgabe 9

a) $x < 28$ b) $x \leq 5$ c) $x > -2$ d) $x < -9$

e) $x < -0{,}2$ f) $x > 3$ g) Jede Zahl h) $L = \emptyset$

Seite 93 | Aufgabe 10

a)
$3x > -12$
$x > -4$

b)
$-4x - 3x < -14$
$x > 2$

c)
$2x \leq -3 - 5$
$x \leq -4$

d)
$3x + 6 > x$
$2x > -6;\ x > -3$

Seite 93 | Aufgabe 11

a) $2x < 8 \rightarrow x < 4$ b) $5x > -3 \rightarrow x > 0{,}6$ c) $x^2 < 2 \rightarrow |x| < 2$

d) $|x| + 3 < 5 \rightarrow |x| < 2$ e) $x - 6 < 3x - 0{,}5 \rightarrow x > -2{,}75$

Seite 93 | Aufgabe 12

$x = 33$

Seite 93 | Aufgabe 13

a) Julia führt nur Addition und Subtraktion als äquivalente Umformungen durch.

b) Sie hätte im zweiten Schritt mit -1 multiplizieren können.

Seite 93 | Aufgabe 14

Es gilt die Dreiecksungleichung und somit muss gelten: $4\text{ cm} < a < 7\text{ cm}$

Seite 93 | Aufgabe 15

Die Länge der Quadratseite muss größer als 6 cm sein.

Seite 93 | Aufgabe 16

c); d) und h)

Seite 93 | Aufgabe 17

a) Beispielsweise: $x = 0$; $x = -1$
b) Die Ungleichung hat keine Lösung.
c) Beispielsweise: $x = -1{,}1$; $x = 5$
d) Die Ungleichung hat keine Lösung.
e) Beispielsweise: $x = -7$; $x = -2{,}2$
f) Beispielsweise: $x = 0$; $x = 1$

Seite 93 | Aufgabe 18

a) Beispielsweise: 0; 1; 2
b) Beispielsweise: 2; 3; 4
c) Beispielsweise: 1; 2; 3
d) Beispielsweise: 0; 1; 2
e) Beispielsweise: 6; 7; 8
f) Beispielsweise: 0; 1; 2
g) Beispielsweise: 0; 1; 2
h) Beispielsweise: 4; 5; 6

Seite 93 | Aufgabe 19

(1) Grundbereich: $\mathbb{Z}$; $|x| < 5$
(2) Grundbereich: $\mathbb{Q}_+$; $|x| \leq 2$

Seite 93 | Aufgabe 20

a) $-4 < x < 3$
$L_\mathbb{N} = \{0;\ 1;\ 2\}$; $L_\mathbb{Z} = \{-3;\ -2;\ -1;\ 0;\ 1;\ 2\}$

b) $-6 < 2x < 6 \rightarrow -3 < x < 3$
$L_\mathbb{N} = \{0;\ 1;\ 2\}$; $L_\mathbb{Z} = \{-2;\ -1;\ 0;\ 1;\ 2\}$

c) $2x < 5 < 3x \rightarrow 1{,}7 < x < 2{,}5$
$L_\mathbb{N} = \{2\}$; $L_\mathbb{Z} = \{2\}$

d) $|x - 1| < 3 \rightarrow -2 < x < 4$
$L_\mathbb{N} = \{0;\ 1;\ 2;\ 3\}$; $L_\mathbb{Z} = \{-1;\ 0;\ 1;\ 2;\ 3\}$

e) $|1 - x| \leq 3 \rightarrow -2 < x < 4$
$L_\mathbb{N} = \{0;\ 1;\ 2;\ 3\}$; $L_\mathbb{Z} = \{-2;\ -1;\ 0;\ 1;\ 2;\ 3\}$

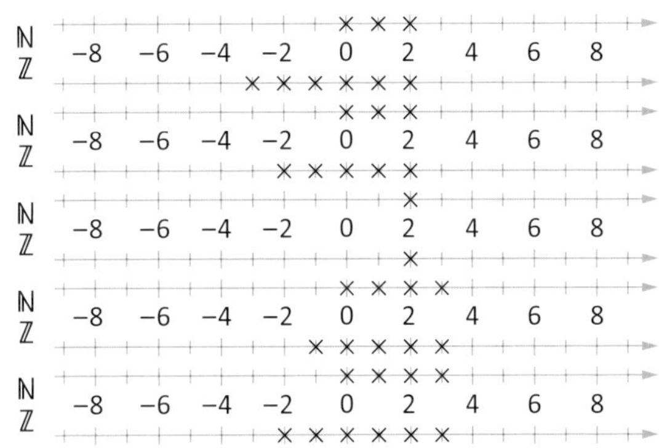

3.4 Verhältnisgleichungen lösen

Seite 94 | Einstieg

Die Gleichungen von Lea und Ben unterscheiden sich nur in der Schreibweise und führen zu dem gleichen Ergebnis:

$x = 162\text{ mm} \cdot 87 = 14\,094\text{ mm} = 14{,}09\text{ m}$.

Leas Schreibweise führt zu obiger Berechnung über die Regel „Produkt der Außenglieder = Produkt der Innenglieder“, während bei Bens Schreibweise eher die Regel „Über Kreuz multiplizieren“ herangezogen wird.

Seite 95 | Aufgabe 1

a) $x = \frac{4 \cdot 6}{3} = 8$; Pr.: $\frac{8}{6} = \frac{4}{3}$ ✓
b) $x = \frac{7 \cdot 15}{21} = 5$; Pr.: $\frac{21}{15} = \frac{7}{5}$ ✓
c) $x = \frac{2 \cdot 1{,}8}{0{,}3} = 12$; Pr.: $\frac{12}{2} = \frac{1{,}8}{0{,}3}$ ✓
d) $x = \frac{14 \cdot 60}{30} = 28$; Pr.: $\frac{30}{14} = \frac{60}{28}$ ✓
e) $x = \frac{0{,}5 \cdot 7}{1{,}5} = \frac{7}{3}$; Pr.: $\frac{0{,}5}{1{,}5} = \frac{1}{7} \cdot \frac{7}{3} = \frac{1}{3}$ ✓
f) $x = \frac{4 \cdot 0{,}2}{5} = 0{,}16$; Pr.: $\frac{4}{5} = \frac{0{,}16}{0{,}2}$ ✓
g) $x = \frac{2 \cdot 6}{\frac{1}{3}} = 36$; Pr.: $\frac{36}{6} = \frac{2}{\frac{1}{3}} = \frac{6}{1}$ ✓
h) $x = \frac{4 \cdot 5}{\frac{2}{5}} = 50$; Pr.: $\frac{5}{50} = \frac{\frac{2}{5}}{4} = \frac{4}{40}$ ✓
i) $x = \frac{\frac{2}{3} \cdot 9}{2} = 3$; Pr.: $\frac{\frac{2}{3}}{3} = \frac{2}{9}$ ✓
j) $x = \frac{\frac{5}{6} \cdot 6}{\frac{2}{3}} = \frac{15}{2}$; Pr.: $\frac{\frac{5}{6}}{\frac{2}{3}} = \frac{\frac{15}{2}}{6} = \frac{5}{4}$ ✓

Seite 95 | Aufgabe 2

a) $x = \frac{6 \cdot 27}{9} = 18$; Pr.: $6 : 9 = 18 : 27 = \frac{2}{3}$ ✓
b) $x = \frac{7 \cdot 4}{14} = 2$; Pr.: $2 : 7 = 4 : 14 = \frac{2}{7}$ ✓
c) $y = \frac{0{,}2 \cdot 4{,}5}{1{,}8} = 0{,}5$; Pr.: $0{,}2 : 0{,}5 = 1{,}8 : 4{,}5 = \frac{2}{5}$ ✓
d) $z = \frac{1{,}4 \cdot 1{,}3}{2{,}6} = 0{,}7$; Pr.: $1{,}4 : 2{,}6 = 0{,}7 : 1{,}3 = \frac{7}{13}$ ✓
e) $x = \frac{0{,}5 \cdot \frac{2}{6}}{\frac{1}{4}} = \frac{2}{3}$; Pr.: $\frac{2}{3} : 0{,}5 = \frac{2}{6} : \frac{1}{4} = \frac{4}{3}$ ✓
f) $x = \frac{7 \cdot 0{,}3}{14} = 0{,}15$; Pr.: $0{,}15 : 7 = 0{,}3 : 14 = \frac{3}{140}$ ✓
g) $x = \frac{\frac{1}{2} \cdot 5}{2} = \frac{5}{4}$; Pr.: $\frac{1}{2} : \frac{5}{4} = 2 : 5 = \frac{2}{5}$ ✓
h) $x = \frac{\frac{3}{5} \cdot 10}{\frac{2}{3}} = 9$; Pr.: $\frac{2}{3} : \frac{3}{5} = 10 : 9 = \frac{10}{9}$ ✓

Seite 95 | Aufgabe 3

a) $a = \frac{c \cdot b}{d}$ b) $x = \frac{a \cdot y}{b}$ c) $w = \frac{v \cdot y}{5x}$ d) $y = \frac{v \cdot x}{2u}$

Seite 95 | Aufgabe 4

a) $x = \frac{5 \cdot 7}{10} = \frac{35}{10} = 3{,}5$; Pr.: $\frac{3{,}5}{5} = \frac{7}{10}$ ✓
b) $x = \frac{2{,}1 \cdot 7}{3} = 4{,}9$; P.: $\frac{2{,}1}{4{,}9} = \frac{3 \cdot 0{,}7}{7 \cdot 0{,}7} = \frac{3}{7}$ ✓
c) $x = \frac{5{,}6 \cdot 0{,}2}{0{,}7} = 1{,}6$; Pr.: $2{,}4 : 5{,}6 = 0{,}3 : 0{,}7 = \frac{3}{7}$ ✓
d) $x = \frac{3{,}2 \cdot \frac{1}{4}}{5} = 0{,}16$; Pr.: $3{,}2 : 0{,}16 = 5 : \frac{1}{4} = 20$ ✓

Seite 95 | Aufgabe 5

a) $x = \frac{12 \cdot 7}{3} = 28$; Pr.: $\frac{28}{12} = \frac{7}{3}$ ✓
b) $x = \frac{0{,}7 \cdot 3}{2 \cdot 0{,}5} = 2{,}1$; Pr.: $2 \cdot 2{,}1 : 3 = 0{,}7 : 0{,}5 = 1{,}4$ ✓
c) $x = \frac{2 \cdot 9}{3 \cdot 5} = \frac{6}{5}$; Pr.: $\frac{2}{3 \cdot \frac{6}{5}} = \frac{1}{\frac{9}{5}} = \frac{5}{9}$ ✓
d) $x = \frac{9 \cdot 25}{15} = 15$; Pr.: $9 : 15 = 15 : 25 = \frac{3}{5}$ ✓

Seite 95 | Aufgabe 6

a) Richtig: $5 \cdot x = 3 \cdot 7$; $x = 4{,}2$
b) Richtig: $y = \frac{2{,}1}{1{,}5} = 1\frac{2}{5}$
c) Richtig: $3x = 6 \cdot 4$; $x = \frac{6 \cdot 4}{3} = 8$
d) Richtige Rechnung und richtiges Ergebnis

Seite 95 | Aufgabe 7

a) $W = \frac{G \cdot p}{100}$; $p = \frac{W \cdot 100}{G}$; $G = \frac{W \cdot 100}{p}$; (W – Kapital; p – Zinssatz; G – Grundwert)
b) $s = v \cdot t$; $t = \frac{s}{v}$ (v – Geschwindigkeit; s – Weg; t – Zeit)
c) $g = \frac{G \cdot b}{B}$; $G = \frac{B \cdot g}{b}$ (B – Bildgröße; G – Gegenstandsgröße; b – Bildweite; g – Gegenstandsweite)
d) $V = \frac{m}{\varrho}$ (ϱ – Dichte; m – Masse; V – Volumen)
e) $p = \frac{F}{A}$ (p – Druck; F – Kraft; A – Flächeninhalt)
f) $f = \frac{G \cdot b}{B + G}$ (B – Bildgröße; G – Gegenstandsgröße; b – Bildweite; f – Brennweite)

Seite 95 | Aufgabe 8

	Gleichung	Umgestellte Gleichung	Überschlag	Gerundetes Ergebnis
a)	$\frac{x}{19{,}3} = \frac{2{,}49}{0{,}89}$	$x = \frac{19{,}3 \cdot 2{,}49}{0{,}89}$	$20 \cdot 2{,}5 : 1 = 50$	$x = 54{,}0$
b)	$\frac{0{,}48}{0{,}389} = \frac{13{,}8}{y}$	$y = \frac{13{,}8 \cdot 0{,}389}{0{,}48}$	$10 \cdot 0{,}5 : 0{,}5 = 10$	$x = 11{,}2$
c)	$\frac{12{,}2}{5{,}89} = \frac{z}{9{,}87}$	$z = \frac{12{,}2 \cdot 9{,}87}{5{,}89}$	$12 \cdot 10 : 6 = 20$	$x = 20{,}4$
d)	$\frac{3{,}7}{v} = \frac{6{,}34}{1{,}99}$	$v = \frac{3{,}7 \cdot 1{,}99}{6{,}34}$	$3 \cdot 2 : 6 = 1$	$x = 1{,}2$

Seite 95 | Aufgabe 9

Der Gesamtbetrag wird aufgeteilt in die beiden Teilbeträge 744 € und 1240 €. ($\frac{1984}{8} \cdot 3 = 744$; $\frac{1984}{8} \cdot 5 = 1240$)

Seite 95 | Aufgabe 10

a) $x = \frac{3^2 - 4^2}{3} = -\frac{7}{3}$; Pr.: $\frac{4}{3 - \left(-\frac{7}{3}\right)} = \frac{3}{4}$ ✓
b) $x = \frac{3 \cdot 5 + 4 \cdot 2}{4} = \frac{23}{4} = 5\frac{3}{4}$; Pr.: $\frac{3}{\frac{23}{4} - 2} = \frac{3}{\frac{15}{4}} = \frac{4}{5}$ ✓
c) $y = \frac{3 + 10}{2} = 6\frac{1}{2}$; Pr.: $3 : \left(6\frac{1}{2} - 5\right) = 2$ ✓
d) $x = \frac{-2}{2 + 7} = -\frac{2}{9}$; Pr.: $\frac{2}{-\frac{2}{9}} = \frac{-7}{-\frac{2}{9} + 1} = -9$ ✓
e) $x^2 = 2 \cdot 8$; $x_1 = 4$; $x_2 = -4$; Pr.: (x_1) $4 : 2 = 8 : 4 = 2$ ✓ (x_2) $-4 : 2 = 8 : (-4) = -2$ ✓

3.5 Spezielle Gleichungen lösen

Seite 96 | Einstieg

Paul hat Recht. Fehlende Lösungen: a) $x = -1$ b) $x = 0$ d) $x = -3$

Seite 96 | Aufgabe 1

a) $x_1 = 6$; $x_2 = -6$
b) $x_1 = 8$; $x_2 = -8$
c) $x_1 = 2{,}5$; $x_2 = -2{,}5$
d) $x_1 = 0{,}5$; $x_2 = -0{,}5$
e) $L = \emptyset$
f) $x_1 = 2{,}8$; $x_2 = -2{,}8$

Seite 96 | Aufgabe 2

a) $L = \{-12; 6\}$ b) $L = \{2; 8\}$ c) $L = \{-1; 2\}$ d) $L = \{0{,}6; 6{,}6\}$
e) $L = \{-0{,}5; 1\}$ f) $L = \{-2{,}9; 0{,}1\}$ g) $L = \{-4{,}7; -1{,}3\}$ h) $L = \{\frac{5}{4}\}$

Seite 97 | Aufgabe 3

a) $|x + 3| = 4$; $L = \{-7; 1\}$
b) $|5 + x| = 3{,}8$; $L = \{-8{,}8; -1{,}2\}$
c) $|z + 0{,}5| = 2$; $L = \{-2{,}5; 1{,}5\}$
d) $0{,}5 \cdot |2 + 2x| - 0{,}2 = 1$; $L = \{-1{,}5; -0{,}5\}$

Seite 97 | Aufgabe 4

Der Betrag einer Zahl entspricht ihrem Abstand vom Nullpunkt und ist somit immer größer oder gleich Null (nichtnegativ).

Seite 97 | Aufgabe 5

a) $L = \{-4; 0\}$ b) $L = \{-0{,}5; 0\}$ c) $L = \{0; 2\}$ d) $L = \{-3; 0\}$
e) $L = \{0; 1\}$ f) $L = \{0; 1{,}4\}$ g) $L = \{0; 1{,}7\}$ h) $L = \{-3; 0\}$

Seite 97 | Aufgabe 6

a) $L = \{-3; 2\}$ b) $L = \{-4; 4\}$ c) $L = \{1{,}5\}$ d) $= \left\{\frac{1}{3}; 3\right\}$
e) $L = \{3; 6\}$ f) $L = \{\{-2; 0; 2\}$ g) $L = \{-1; 6; 7\}$ h) $L = \{0; 1\}$

Seite 97 | Aufgabe 7

a) $(x + 2) \cdot (x - 2) = 0$ b) $(x - 0{,}5) \cdot (x - 1{,}7) = 0$ c) $(x + 3{,}5) \cdot \left(x + \frac{1}{3}\right) = 0$ d) $x \cdot (x - 7{,}8) = 0$

Seite 98 | Aufgabe 8

a) $2 \cdot |3x| = 6$ $L = \{-1; 1\}$
(1) $3x = 3$ → $x_1 = 1$
(2) $-3x = 3$ → $x_2 = -1$

b) $2 \cdot |2z + 3| - 5 = 13$ $L = \{-6; 3\}$
(1) $2z + 3 = 9$ → $z_1 = 3$
(2) $-(2z + 3) = -2z - 3 = 9$ → $z_2 = -6$

c) $x \cdot (x - 3) = 0$ $L = \{0; 3\}$
(1) $x_1 = 0$
(2) $x - 3 = 0$ → $x_2 = 3$

d) $(x - 2) \cdot (2x + 4) = 0$ $L = \{-2; 2\}$
(1) $x - 2 = 0$ → $x_1 = 2$
(2) $2x + 4 = 0$ → $x_2 = -2$

Seite 98 | Aufgabe 9

a) $L = \{-6; 2\}$ b) $L = \left\{0; \frac{3}{7}\right\}$ c) $L = \{-3; -1\}$ d) $L = \{-3; 3\}$ e) $L = \{-18; 14\})$ f) $L = \{-7; 11\}$

Seite 98 | Aufgabe 10

a) 2; − 2 b) − 4 c) 4 d) 3 e) 2 f) 5
g) − 5; 5 h) − 4; 4 i) 4 j) 0

Seite 98 | Aufgabe 11

a) 9; − 9 b) 4 c) 4 d) 4 e) 9; − 3 f) $\frac{1}{4}$
g) − 6 h) 0,1 i) 3 j) 1 k) 3 − 3 l) 256
m) 36 n) 2 o) − 1

Seite 98 | Aufgabe 12

a)
$2x^2 + 3 = 8x + 3$ $| - 3$
$2x^2 = 8x$ $| : 2$
$x^2 = 4$ Fehler
richtig: $x^2 = 4x$ $| - 4x$
$x^2 - 4x = 0$ (! nicht $| : x$)
$x(x - 4) = 0$
$x_1 = 0;\ x_2 = 4$

b)
$x \cdot (x + 2) = 3x$ $| : x$
Fehler: $x \neq 0$ erforderlich
Produktform: → $| - 3x$
$x \cdot (x - 1) = 0$
$x_1 = 0;\ x_2 = 1$

c)
$x^2 = 121$
$|x| = \sqrt{121}$ Fehler
richtig: $x = \pm\sqrt{121}$
$x_1 = 11;\ x_2 = -11$

Seite 98 | Aufgabe 13

a) 2 b) 1 c) 6 d) − 2 (Beispiel) e) 0

Seite 98 | Aufgabe 14

Beispiele: $x^2 = 9$; $|x| = 3$; $(x + 3) \cdot (x - 3) = 0$; $0{,}5 \cdot (2x + 6) \cdot (x - 3) = 0$

Seite 98 | Aufgabe 15

Beispiele: $a = \sqrt{-9}$; $-4 = \sqrt{b}$

Seite 98 | Aufgabe 16

a) Falsch; Gegenbeispiel: $|x| = 0$
b) Wahr; Beispiel: $|x + 1| = 0$
c) Falsch; Gegenbeispiel: $(x + 3)(x + 3) = 0$
d) Falsch; Gegenbeispiel: $(x - 4)((x - 4) = 0$

Seite 98 | Aufgabe 17

a) $|y| = 3;\ y_1 = 3;\ y_2 = -3$ b) $|x| = \frac{3}{4};\ x_1 = \frac{3}{4};\ x_2 = -\frac{3}{4}$ c) $|z| = \frac{12}{3};\ z_1 = 4;\ z_2 = -4$
d) $|a| = a;\ a = 0$ e) $|a| = -a;\ a = 0$ f) $x = \sqrt{-9}$; n. l.
g) $2x^2 + 8 = 0$; n. l. h) $x = \pm 2;\ x_1 = 2;\ x_2 = -2$ i) $2^x - 3 = 13;\ x = 4$
j) $x = \pm\sqrt{-2}$; n. l.

Seite 98 | Aufgabe 18

a) $x_1 = 0;\ x_2 = 4$ b) $x_1 = 0;\ x_2 = -0{,}5$ c) $x_1 = 0;\ x_2 = -0{,}5$
d) $y_1 = 0;\ y_2 = 1{,}25$ e) $x_1 = 0;\ x_2 = 5$ f) $x = 6\frac{2}{3}$
g) $x_1 = 0;\ x_2 = 2$ h) $y_1 = 6;\ y_2 = -6$ i) $x = -6$

3.6 Anwendungsaufgaben lösen

Alle Ansätze bei folgenden Aufgaben sind lediglich Beispiele für mögliche Vorgehensweisen.

Seite 99 | Einstieg

Das Buch hat 125 Seiten. ($\frac{x}{5} + 12 = 37;\ x = 125$)

Seite 100 | Aufgabe 1

Die Sportgruppe hat 16 Mitglieder. ($5x + 20 = 100;\ x = 16$))

Seite 100 | Aufgabe 2

Franka ist 12 Jahre alt. ($2x + x + 3 + x = 51;\ x = 12$)

Seite 100 | Aufgabe 3

Uwe: 18 €; Grit: 3 · 18 € = 54 €; Eva: 18 € + 10 € = 28 € ($3x + x + 10 + x = 100;\ x = 18$ (x – „Lohn" für Uwe)

Seite 101 | Aufgabe 4

Der Radfahrer hat den Wanderer nach $\frac{2}{3}$ h = 40 min eingeholt. ($16x = (x + 2) \cdot 4$; x – benötigte Zeit des Radfahrers in h)

Seite 101 | Aufgabe 5

Der schnellere Pkw hat den langsameren Pkw nach 0,917 h = 55 min eingeholt. ($x \cdot 130 = \left(x + \frac{1}{6}\right) \cdot 110$)

Seite 101 | Aufgabe 6

Paul trifft seinen Bruder nach 1,125 h = 67,5 min. ($x \cdot 25 = \left(x + \frac{3}{4}\right) \cdot 15$)

Paul hat seinen Bruder nach 28,1 km eingeholt. ($1{,}125 \cdot 25 = 28{,}1$)

Seite 101 | Aufgabe 7

Franka hat 194 deutsche Briefmarken. ($343 = 2f + (f - 45) + f;\ f = 97$; f – Anzahl französischer Briefmarken)

Seite 101 | Aufgabe 8

Wenn die kürzeste Seite 5 cm lang sein soll, so gibt es zwei Möglichkeiten:

(1) Schenkelseite s = 5 cm → Basisseite $b = 20 - 2 \cdot 5 = 10$

(2) Basisseite b = 5 cm → Schenkelseite $s = \frac{1}{2}(20 - 5) = 7{,}5$

Seite 101 | Aufgabe 9

Die Seiten des Rechtecks sind 13,5 cm und 10 cm lang. ($2(x + (x - 3{,}5)) = 47$)

Seite 101 | Aufgabe 10

x – Strömungsgeschwindigkeit

Stromabwärts → 2 h Fahrt mit 15 km Eigengeschwindigkeit plus Strömungsgeschwindigkeit

Stromaufwärts → 3 h Fahrt mit 15 km Eigengeschwindigkeit minus Strömungsgeschwindigkeit

$2(15 + x) = 3(15 - x)$ → $5x = 15;\ x = 3$

Die Strömungsgeschwindigkeit beträgt 3 Kilometer pro Stunde.

Seite 101 | Aufgabe 11

a, b und c bilden kein Dreieck, da die Dreieckungleichung $a + c > b$ nicht erfüllt ist.

$a = x;\ b = 3x;\ c = x + 3$ → $x + (3x) + (x + 3) = 28;\ 5x = 25;\ x = 5;\ a = 5$ cm; $b = 15$ cm; $c = 8$ cm

Seite 101 | Aufgabe 12

Benötigte Zeit von Laura: $\frac{10\text{ km}}{60\text{ min}} \mathrel{\widehat{=}} \frac{3{,}5\text{ km}}{x\text{ min}}$ → $x = \frac{3{,}5\text{ km} \cdot 60\text{ min}}{10\text{ km}} = 21$ min

Michael hat 21 min – 6 min = 15 min zur Verfügung, da er 6 min später losfährt.

Seine Geschwindigkeit beträgt: $\frac{x\text{ km}}{60\text{ min}} \mathrel{\widehat{=}} \frac{3{,}5\text{ km}}{15\text{ min}} = \frac{14\text{ km}}{60\text{ min}}$

Michael fährt mit einer Geschwindigkeit von 14 Kilometer pro Stunde.

Seite 101 | Aufgabe 13

Die Säure muss in 300 ml Wasser gegeben werden

200 Milliliter (25%ige Säure) enthalten bereits 150 ml Wasser. Um eine 10%ige Säure zu erhalten, ist aufgefüllt werden:

$\frac{10}{90} = \frac{50}{x}$ → $x = \frac{50 \cdot 90}{10} = 450$ ml

3.7 Vermischte Aufgaben

Alle Ansätze bei folgenden Aufgaben sind lediglich Beispiele für mögliche Vorgehensweisen.

Seite 102 | Aufgabe 1

$5x - y + 10$	↔	$5(x + 2) - y = 5x - y + 10$
$2(x + y - 5) = 2x + 2y - 10$	↔	$2x + 2y - 10$
$2xy + 100$	↔	$2(50 + xy) = 2xy + 100$
$25 - x + 5y = -x + 5y + 25$	↔	$5(5 + y) - x = -x + 5y + 25$
$x + y + 5 - 2x - 5y = -x - 4y + 5$	↔	$-(x + 4y - 5) = -x - 4y + 5$

Seite 102 | Aufgabe 2

a) (1) Eine Zahl, vermehrt um 6.
(2) Das Fünffache eine Zahl, vermindert um 4.
(3) Der 6. Teil des Vierfachen einer Zahl.
(4) Die Summe aus dem Achtfachen einer Zahl und dem Dreifachen der Zahl.
(5) Das Vierfache der Differenz aus einer Zahl und 6.

b) (1) $6 + x = 10 \rightarrow x = 10 - 6 = 4$
(2) $5x - 4 = 10 \rightarrow x = \frac{10+4}{5} = 2{,}8$
(3) $4x : 6 = 10 \rightarrow x = \frac{10 \cdot 6}{4} = 15$
(4) $8x + 3x = 10 \rightarrow x = \frac{10}{11} = 0{,}\overline{90}$
(5) $4(x - 6) = 10 \rightarrow x = \frac{10+24}{4} = 8{,}5$

Seite 102 | Aufgabe 3

a) 3 b) 6 c) 0 d) 1,5 e) $3\frac{2}{3}$ f) 7,5 g) 5,5 h) $t_1 = 4$; $t_2 = -4$ i) 10

Seite 102 | Aufgabe 4

a) $L = \mathbb{Q}$ b) $L = \{\,\}$ c) $L = \{7\}$

Seite 102 | Aufgabe 5

a) $L = \{-1; -9\}$ b) $L = \{\,\}$ c) $L = \{5\}$ d) $L = \{0; -1\}$ e) $L = \{-2\}$ f) $L = \{15\}$ g) $L = \{0\}$ h) $L = \{3\}$

Seite 102 | Aufgabe 6

a) 0 b) $-1; -2$ c) 1 d) $-1; -2$

Seite 102 | Aufgabe 7

a) $-x < 5 \rightarrow x > -5$ $\mathbb{N}$

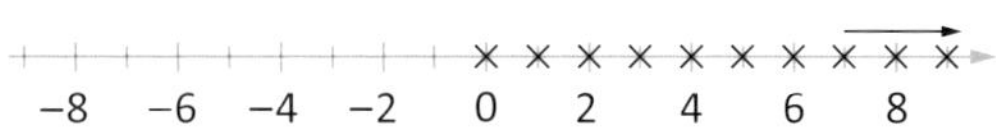

b) $-y + 3 \le 1 \rightarrow y \ge 2$ $\mathbb{Q}_+$

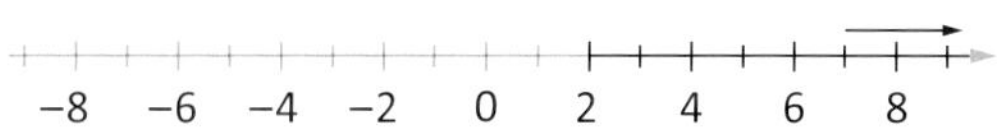

c) $0{,}5(t + 3) > 2t + 1{,}5 \rightarrow t < 0$ $\mathbb{Q}_+$

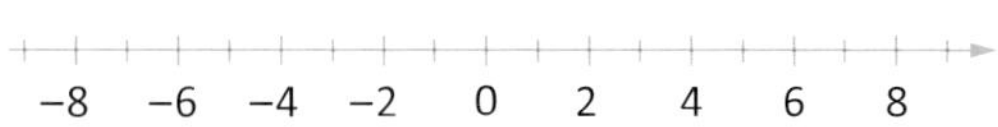

Seite 102 | Aufgabe 8

a) −2 b) 4 c) 25 d) 2 e) −2

Seite 102 | Aufgabe 9

a) $a = \frac{V}{bc}$ b) $\beta = \frac{180° - \alpha}{2}$ c) $l_1 = \frac{F_2 \cdot l_2}{F_1}$

Seite 102 | Aufgabe 10

a) Beispielsweise: $x + 2 = 0$
b) Eine solche Gleichung gibt es nicht, da die natürlichen Zahlen eine Teilmenge der ganzen Zahlen sind.

Seite 102 | Aufgabe 11

a) Beispielsweise: $a = 3$
b) Es gibt keine Zahl a, für die die Gleichung genau eine Lösung hat.
c) $a = -10$

Seite 102 | Aufgabe 12

Der Quader ist 12 cm hoch. ($A_O = 2(ab + ac + bc) \rightarrow c = \frac{A_O - 2ab}{2a + 2b}$; $\frac{9 - 2 \cdot 1{,}0 \cdot 1{,}5}{2 \cdot 1{,}0 + 2 \cdot 1{,}5} = 1{,}2$)

Seite 103 | Aufgabe 13

a) Im Zähler steht der zu zahlende Betrag, der sich aus Grundgebühr und den 8 gefahrenen Kilometern zu x € ergibt. Dieser Betrag ist auf die y Fahrgäste aufzuteilen, d. h., der Betrag ist durch die Anzahl der Fahrgäste zu dividieren. Daher steht y im Nenner des Ausdrucks.

b) Der gefahrene Kilometer kostet 1,20 €. ($4{,}20 = \frac{8x + 3}{3} \rightarrow x = \frac{4{,}20 \cdot 3 - 3}{8} = 1{,}20$)

Seite 103 | Aufgabe 14

a)

Brenndauer in h	0	1	2	3	4
Länge Kerze A in cm	24	21,5	19	16,5	14
Länge Kerze B in cm	15	14	13	12	11

b) Nach 6 h sind die Kerzen gleich lang. (Kerze A: $A_{Länge} = 24 - 2{,}5x$; Kerze B: $B_{Länge} = 24 - x$)
c) Kerze B müsste 18 cm lang sein. ($24 - 2{,}5 \cdot 4 = y - 4 \rightarrow y = 18$)
d) Kerze A müsste stündlich 2 cm kleiner werden. ($24 - 9x = 15 - 9 \rightarrow x = \frac{24 - 6}{9} = 2$)

Seite 103 | Aufgabe 15

Da zwei Pausen von jeweils 30 Minuten gemacht wurden, beträgt die reine Wanderzeit 6h.

	Wanderzeit (in h)	Zurückgelegter Weg s (in km)
Ebenes Wegstück	x	5x
Bergiges Wegstück	6 – x	3 · (6 – x)

$5x + 3 \cdot (6 - x) = 24;\; x = 3$

Für das ebene Wegstück benötigt Familie Hurtig 3 h und für das bergige Wegstück ebenfalls 3 h.

Das bergige Wegstück beträgt $3 \cdot (6 - 3)$ km = 9 km.

Seite 103 | Aufgabe 16

Zu der Trainingsgruppe gehören 16 Mitglieder. $(2x + 0{,}5x + 0{,}25x + 1 = 45)$

Seite 103 | Aufgabe 17

Der Arbeiter hat 9 Tage gearbeitet und 15 Tage nicht gearbeitet. $(5x - 3 \cdot (24 - x) = 0)$

Seite 103 | Aufgabe 18

Die Seitenlänge des Quadrats wurde von 10 cm auf 13 cm vergrößert. $(13^2 - 10^2 = 69)$

Seite 103 | Aufgabe 19

$\frac{11}{2} + \frac{11}{3} + x = 11 - 0{,}75 \rightarrow x = 11 - 0{,}75 - \frac{11}{2} - \frac{11}{3} = 1\frac{1}{12}$

4. Aufgabenpraktikum (1)

Grundlegendes

Aufgabenmix zu „Prozentrechnung"

Seite 111 | Aufgabe 1

a) 20 % b) 40 % c) $33,\overline{3}$ %

Seite 111 | Aufgabe 2

Der *Grundwert* ist die Bezugsgröße, im Beispiel 200 kg. Der prozentuale Anteil, die 25 %, ist der *Prozentsatz*. Der Anteil vom Grundwert, der dem Prozentsatz entspricht, ist der *Prozentwert*; im Beispiel 50 kg.

Seite 111 | Aufgabe 3

	a)	b)	c)	d)	e)	f)
Grundwert	300 €	600 kg	500 €	500 km	138,46 m^2	330 hl
Prozentsatz	4 %	10 %	2 %	125 %	130%	115 %
Prozentwert	12 €	60 kg	10 €	625 km	180 m^2	379,5 hl

Seite 111 | Aufgabe 4

a) Angemessen, denn 33,9 % entspricht etwa einem Drittel. ($\frac{1}{3}$ von 933 Liter sind etwa 300 Liter.)
b) Angemessen, denn 19 € sind etwa ein Zehntel von 205 €. ($\frac{1}{10}$ entspricht 10 %.)
c) Nicht angemessen, denn 117 % vom Grundwert ergibt einen Prozentwert, der größer als der Grundwert sein muss.
d) Angemessen, denn 357 ist etwa das $1\frac{1}{2}$-fache von 243- (1,5 entspricht 150 %.)

Seite 111 | Aufgabe 5

a) Wahr, denn: $0,4 \cdot 80\ € = 32\ €$ und $0,8 \cdot 40\ € = 32\ €$ b) Wahr, denn: $\frac{x}{100} \cdot y = \frac{y}{100} \cdot x$

Seite 111 | Aufgabe 6

Die Aussage ist falsch. Prozentsätze, die sich auf verschiedene Grundwerte beziehen, dürfen nicht addiert werden.

Aufgabenmix zu „Zinsrechnung"

Seite 111 | Aufgabe 1

	a)	b)	c)	d)	e)
Kapital	3800 €	5000	862,50 €	5100 €	990 €
Zinssatz	3,5 %	2,9 %	4 %	3,75 %	2,6 %
Zinsen nach einem Jahr	133 €	145 €	34,50 € €	191,25	25,74
Kapital nach einem Jahr	3933 €	5145€	897 €	5291,25 €	1015,74

Seite 111 | Aufgabe 2

a) 1,80 € b) 7,20 € c) 13,80 €

Seite 111 | Aufgabe 3

Das Guthaben beträgt nach 3 Jahren 529,4 €. ($K_3 = K_0\left(1 + \frac{p}{100}\right)^3 = 500 \cdot 101,9^3 = 529,04$)

Seite 111 | Aufgabe 4

Kostengünstiger ist die Rückzahlung nach einem Vierteljahr, wenn das Geld verfügbar ist. Die 150 € Zinsen entsprechen einem Jahreszinssatz von 12 %. Der Zinssatz bei der Rückzahlung nach einem halben Jahr entspricht 14 %.

Aufgabenmix zu „Rationale Zahlen"

Seite 112 | Aufgabe 1

a) −8; −4; 0; 1; 4; 5; 11 b) −1,3; 0,11; 0,13; 1,1 c) −1,7; $-\frac{1}{2}$; $-\frac{1}{4}$; 0,3; $(-2)^2$

Seite 112 | Aufgabe 2

	a	b	c	a + b	a − b	a · b	a : c	a · (b + c)	a + b · c
a)	3	−5	−2	−2	8	−15	−1,5	−21	13
b)	−3	−5	−2	−8	2	15	1,5	21	7
c)	−0,5	−3	2,5	−3,5	2,5	1,5	$-\frac{1}{5}$	$\frac{1}{4}$	−8
d)	$-\frac{1}{2}$	4	−2,5	3,5	−4,5	−2	$\frac{1}{5}$	$-\frac{3}{4}$	−10

Seite 112 | Aufgabe 3

a) $-3 + 13 = 10$ b) $4 - (-3) = 7$ c) $-40 + 20 = -20$ d) $-6 - (-3) = -3$

Seite 112 | Aufgabe 4

a) Falsch; Gegenbeispiel: $-10 + 5 = -5 < 0$
b) Falsch; Gegenbeispiel: $10 - 5 = 5 > 0$
c) Wahr; Für $b = -a$ gilt: $a + (-a) = 0$
d) Wahr; Beispiel: $10 \cdot 0{,}5 = 5 < 10$

Seite 112 | Aufgabe 5

a) $A(-2|1{,}5)$, $B(3|1{,}5)$; Schnittpunkte: j und h $(-0{,}75|1{,}5)$, h und g $(1{,}5|1{,}5)$, g und j $(1{,}5|-3)$
b) Beispielsweise: $(1{,}5|2)$, $(1{,}5|0)$, $(1{,}5|-2)$,
c) Die Punkte E und F liegen nicht auf der Geraden durch C und D, D liegt auf g, E liegt auf g, F liegt auf h

Seite 112 | Aufgabe 6

a) $-1;\ 0;\ 1$ b) $-1;\ 1$ c) $-3;\ 3$ d) $-3;\ -2;\ -1;\ 0;\ 1;\ 2;\ 3$

Aufgabenmix zu „Wurzeln“

Seite 112 | Aufgabe 1

a) 0,3 b) 0,7 c) 1,5 d) $\frac{3}{5}$
e) n. l. f) $\frac{2}{3}$ g) n. l. h) 4
i) 3 j) $-0{,}3$ k) 10 l) $\frac{3}{0{,}2} = 15$

Seite 112 | Aufgabe 2

a) $7 > 5$ b) $10 = 10$ c) $5 > 1$

Seite 112 | Aufgabe 3

a) Ü: 7; $\sqrt{27} + 2{,}3 = 7{,}496$ b) Ü: -30; $3{,}5 - \sqrt{1000} = -28{,}123$ c) Ü: 6; $\sqrt{6} \cdot \sqrt{11} = 8{,}124$
d) Ü: 2; $\sqrt[3]{0{,}15^2 + 3{,}6^2} = 2{,}350$ e) Ü: 2; $\frac{5}{6} \cdot \sqrt[3]{9} = 1{,}733$

Seite 112 | Aufgabe 4

a) 3; 4 b) 10; 11 c) 3; 4 d) 4; 5 e) 0; 1 f) 5; 6

Seite 112 | Aufgabe 5

a) $a > 1$ ist, dann ist auch $\sqrt{a} > 1$. b) Wenn $\sqrt{a} > a$ ist, dann ist $a < 1$.

Aufgabenmix zu „Gleichungen und Ungleichungen“

Seite 113 | Aufgabe 1

a) Beide Seiten der Gleichung durch die gleiche Zahl dividieren. (dividiert durch 3)
b) Von beiden Seiten der Gleichung die gleiche Zahl subtrahieren. (minus 12)
c) Beide Seiten der Gleichung durch die gleiche Zahl dividieren. (dividiert durch – 4)
d) Beide Seiten der Gleichung mit der gleichen Zahl multiplizieren. (mal 3)

Seite 113 | Aufgabe 2

Martins Lösung ist falsch. Im 1. Schritt hat er die rechte Seite (– 1) nicht mit 5 multipliziert. Astrids Lösung ist falsch. Im 2. Schritt ist die Division durch $\frac{3}{5}$ auf der rechten Seite falsch ausgeführt worden. Man muss mit dem Kehrwert von $\frac{3}{5}$ multiplizieren.

Seite 113 | Aufgabe 3

a) $x = 0{,}5$; $x \in \mathbb{Z}$: $L = \emptyset$; $x \in \mathbb{Q}$: $L = \{0{,}5\}$
b) $y = -1{,}7$; $x \in \mathbb{Z}$: $L = \emptyset$; $x \in \mathbb{Q}$: $L = \{-1{,}7\}$
c) $a = 1{,}5$; $x \in \mathbb{Z}$: $L = \emptyset$; $x \in \mathbb{Q}$: $L = \{1{,}5\}$
d) $c = -3$; $x \in \mathbb{Z}$: $L = \{-3\}$; $x \in \mathbb{Q}$: $L = \{-3\}$

Seite 113 | Aufgabe 4

Durch äquivalente Umformungen erhält man eine falsche Aussage. Somit hat die Gleichung keine Lösung.

Seite 113 | Aufgabe 5

a) $8x + 6 \leq 36$; $x \leq 3{,}75$

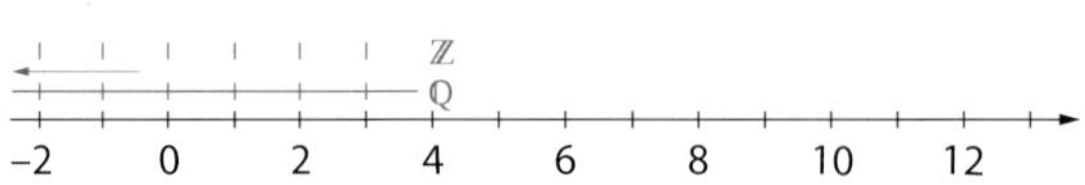

b) $5 - 7y < 3y$; $y > 0{,}5$

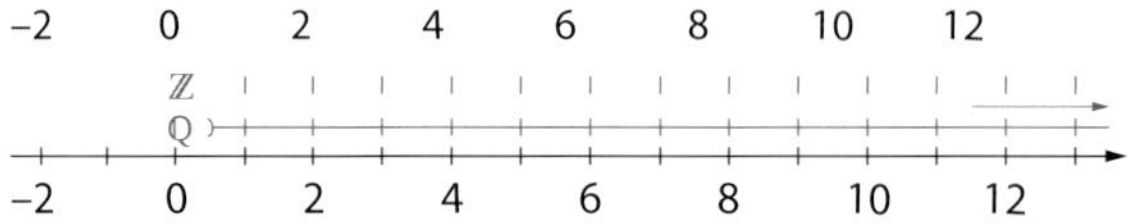

c) $0{,}5z + 0{,}5 > -z + 3{,}5$; $z > 0{,}5$

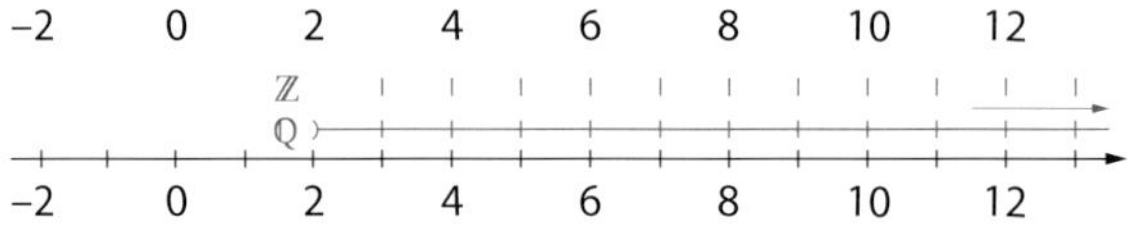

d) $-2 > 3 - 0{,}5k$

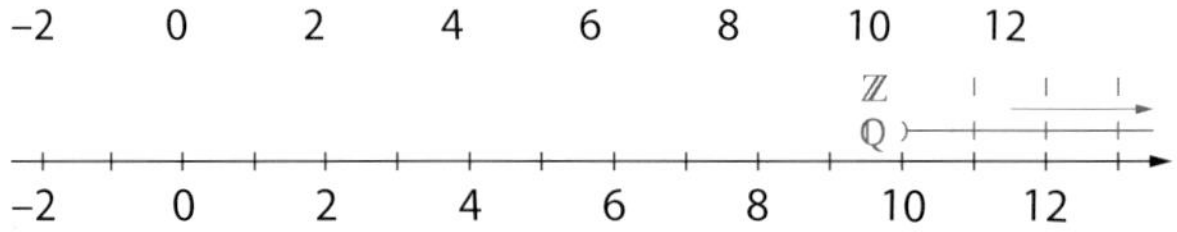

Seite 113 | Aufgabe 6

a) $x = \frac{b-a}{2}$ b) $b = \frac{u-2a}{2}$ c) $h = \frac{2A}{g}$ d) $t = \frac{s}{v}$

Seite 113 | Aufgabe 7

rotes Feld: 36°; blaues Feld: 72°; grünes Feld: 108°; violettes Feld: 144° ($\alpha + 2\alpha + 3\alpha + 4\alpha = 360° \rightarrow \alpha = 36°$)

Aufgabenmix zu „Probleme mathematisch lösen"

Seite 113 | Aufgabe 1

a) (1) $60 + 4x = 120$; (2) $6x = 48 + 18 + x$

b) $9 + 3x = 12 + 2x$

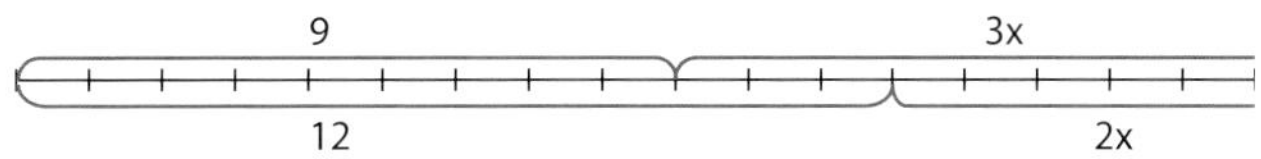

Seite 113 | Aufgabe 2

a) $u = 24$ cm; a – Länge der einen Seite in cm; b – Länge der anderen Seite in cm;
($a = b + 2$; $24 = 2 \cdot (b + 2 + b)$)

b) $A = 28\ \text{cm}^2$; a – Länge der einen Seite in cm; b – Länge der anderen Seite in cm;
($a = 2b$; $28 = 2b \cdot b$)

c) $u = 23$ cm; a – Länge der kürzesten Seite in cm; b – Länge der mittleren Seite in cm; c – Länge der längsten Seite in cm;
($a = b - 2$; $c = b + 4$; $23 = (b - 2) + b + (b + 4)$)

d) $\alpha = \beta = 73{,}\overline{3}°$; $\gamma = 33{,}\overline{3}°$; $\alpha = \beta$; Basiswinkel; γ: Winkel an der Spitze
($\gamma = \alpha - 40°$; $180° = \alpha + \alpha + \alpha - 40°$)

Seite 113 | Aufgabe 3

Der Inhalt wiegt $\frac{2230\ \text{g}}{5} - 60\ \text{g} = 386\ \text{g}$

Alltagsprobleme mit mathematischen Mitteln lösen

„Rabatt, Skonto, Brutto, Netto"

Seite 114 | Aufgabe 1

a) $\frac{498{,}78\ € \cdot 97}{100} = 483{,}82\ €$ b) $\frac{9{,}64\ € \cdot 100}{2{,}5} = 385{,}60\ €$

Seite 114 | Aufgabe 2

a) Beispiel:

	A	B	C	D
1	Alter Preis:	250 €		
2	Rabatt:	20%	30%	50%
3	Neuer Preis:	200 €	175 €	125 €
4	Preisersparnis:	50 €	75 €	125 €

mit Formeln:

	A	B	C	D
1	Alter Preis:	250		
2	Rabatt:	0,2	0,3	0,5
3	Neuer Preis:	=B1*0,8	=B1*0,7	=B1*0,5
4	Preisersparnis:	=B1-B3	=B1-C3	=B1-D3

a) Beispiel:

	A	B
1	Alter Preis	250 €
2	Neuer Preis	200 €
3	Veränderung um Prozent	-20,00
4	Veränderung auf Prozent	80,00

mit Formeln:

	A	B	C	D
1	Alter Preis:	250		
2	Rabatt:	0,2	0,3	0,5
3	Neuer Preis:	=B1*0,8	=B1*0,7	=B1*0,5
4	Preisersparnis:	=B1-B3	=B1-C3	=B1-D3

Seite 114 | Aufgabe 3

Sven hat Recht.
Preiserhöhung: 10 % von 150,00 € = 15,00 €; Neupreis = 165,00 €
Preissenkung: 10 % von 165,00 €: 16,50 €; Neupreis = 148,50 €

Seite 114 | Aufgabe 4

a) Netto-Gewicht: 2,43 kg – 0,53 kg = 1,90 kg (78,2 % des Brutto-Gewichts)

b) Netto-Ausbildungsvergütung: 591,69 € (Prozentualer Anteil der Abzüge: ≈ 18,39 %)

„Mehrwertsteuer"

Seite 114 | Aufgabe 1

a) Beispiel:

	A	B
1	**Nettopreis**	250,00 €
2	Mehrwertsteuer bei 19%	47,50 €
3	Bruttopreis bei 19 %	297,50 €
4	Mehrwertsteuer bei 7 %	17,50 €
5	Bruttopreis bei 7 %	267,50 €

mit Formeln:

	A	B
1	**Nettopreis**	250
2	Mehrwertsteuer bei 19%	=B1*0,19
3	Bruttopreis bei 19 %	=B1*1,19
4	Mehrwertsteuer bei 7 %	=B1*0,07
5	Bruttopreis bei 7 %	=B1*1,07

Seite 114 | Aufgabe 2

Schweden: Mehrwertsteuer – 9,98 €; Nettopreis: 39,92 €
Spanien: Mehrwertsteuer – 8,66 €; Nettopreis: 41,24 €

Seite 114 | Aufgabe 3

Es gibt dabei keinen Unterschied, denn: $(p \cdot 0{,}75) \cdot 1{,}19 = (p \cdot 1{,}19) \cdot 0{,}75$

„Kredite, Tilgungspläne und Aktienkurse"

Seite 115 | Aufgabe 1

Nach 2 Jahren hat er der Bank einen Betrag in Höhe von 5644,53 € zu zahlen. ($K_2 = 5\,000\text{ €} \cdot 1{,}0625^2 = 5644{,}53\text{ €}$)

Seite 115 | Aufgabe 2

a) $Z_m = \frac{p \cdot K \cdot m}{100 \cdot 12} \rightarrow p = \frac{Z_m \cdot 100 \cdot 12}{K \cdot m} = \frac{19{,}38 \cdot 100 \cdot 12}{5000 \cdot 1} = 4{,}65\ \%$

b) Restschuld: Der um den Tilgungsbetrag der vorangegangenen Zahlung verringerte vorherige Restschuldbetrag. 4 800,81 € = 5 000,00 €– 199,20 € (bei banktechnischer Rundung)

Zinsen: Der Betrag, der als monatlicher Zinsbetrag für die Restschuld fällig wird. ($18{,}60\text{ €} = \frac{4800{,}81 \cdot 4{,}65}{100 \cdot 12}\text{ €}$)

Tilgung: Der Betrag, der nach Abzug des fälligen Zinsbetrages von der monatlichen Zahlung übrig bleibt und für die Tilgung der Restschuld verwendet wird. (218,57 € – 18,60 € = 199,97 €)

c) Die letzte Rate wird als Restzahlung so vorgegeben, dass die Auszahlungssumme von 5000 € vollständig getilgt ist.
Insgesamt werden 245,78 € Zins en gezahlt.

Kredit:	5000	Jahreszinssatz:		4,65
		Rate/Monat		218,57 €
Monat	Restschuld	Zinsen	Tilgung	Monatsrate
1	5.000,00 €	19,38 €	199,20 €	218,57 €
2	4.800,81 €	18,60 €	199,97 €	218,57 €
3	4.600,84 €	17,83 €	200,74 €	218,57 €
4	4.400,10 €	17,05 €	201,52 €	218,57 €
5	4.198,58 €	16,27 €	202,30 €	218,57 €
6	3.996,28 €	15,49 €	203,08 €	218,57 €
7	3.793,19 €	14,70 €	203,87 €	218,57 €
8	3.589,32 €	13,91 €	204,66 €	218,57 €
9	3.384,66 €	13,12 €	205,45 €	218,57 €
10	3.179,20 €	12,32 €	206,25 €	218,57 €
11	2.972,95 €	11,52 €	207,05 €	218,57 €
12	2.765,90 €	10,72 €	207,85 €	218,57 €
13	2.558,05 €	9,91 €	208,66 €	218,57 €
14	2.349,39 €	9,10 €	209,47 €	218,57 €
15	2.139,93 €	8,29 €	210,28 €	218,57 €
16	1.929,65 €	7,48 €	211,09 €	218,57 €
17	1.718,56 €	6,66 €	211,91 €	218,57 €
18	1.506,65 €	5,84 €	212,73 €	218,57 €
19	1.293,92 €	5,01 €	213,56 €	218,57 €
20	1.080,36 €	4,19 €	214,38 €	218,57 €
21	865,98 €	3,36 €	215,21 €	218,57 €
22	650,76 €	2,52 €	216,05 €	218,57 €
23	434,71 €	1,68 €	216,89 €	218,57 €
24	217,83 €	0,84 €	217,73 €	218,57 €
Summe		245,78 €	4.999,90 €	5.245,68 €

	A	B	C	D	E
1	Kredit:	5000	Jahreszinssatz:		4,65
2			Rate/Monat		218,57
3	Monat	Restschuld	Zinsen	Tilgung	Monatsrate
4	1	=B1	=B4*($E$1/100)/12	=$E$2-C4	=C4+D4
5	2	=B4-D4	=B5*($E$1/100)/12	=$E$2-C5	=C5+D5
6	3	=B5-D5	=B6*($E$1/100)/12	=$E$2-C6	=C6+D6
7	4	=B6-D6	=B7*($E$1/100)/12	=$E$2-C7	=C7+D7
8	5	=B7-D7	=B8*($E$1/100)/12	=$E$2-C8	=C8+D8
9	6	=B8-D8	=B9*($E$1/100)/12	=$E$2-C9	=C9+D9
10	7	=B9-D9	=B10*($E$1/100)/12	=$E$2-C10	=C10+D10
11	8	=B10-D10	=B11*($E$1/100)/12	=$E$2-C11	=C11+D11
12	9	=B11-D11	=B12*($E$1/100)/12	=$E$2-C12	=C12+D12
13	10	=B12-D12	=B13*($E$1/100)/12	=$E$2-C13	=C13+D13
14	11	=B13-D13	=B14*($E$1/100)/12	=$E$2-C14	=C14+D14
15	12	=B14-D14	=B15*($E$1/100)/12	=$E$2-C15	=C15+D15
16	13	=B15-D15	=B16*($E$1/100)/12	=$E$2-C16	=C16+D16
17	14	=B16-D16	=B17*($E$1/100)/12	=$E$2-C17	=C17+D17
18	15	=B17-D17	=B18*($E$1/100)/12	=$E$2-C18	=C18+D18
19	16	=B18-D18	=B19*($E$1/100)/12	=$E$2-C19	=C19+D19
20	17	=B19-D19	=B20*($E$1/100)/12	=$E$2-C20	=C20+D20
21	18	=B20-D20	=B21*($E$1/100)/12	=$E$2-C21	=C21+D21
22	19	=B21-D21	=B22*($E$1/100)/12	=$E$2-C22	=C22+D22
23	20	=B22-D22	=B23*($E$1/100)/12	=$E$2-C23	=C23+D23
24	21	=B23-D23	=B24*($E$1/100)/12	=$E$2-C24	=C24+D24
25	22	=B24-D24	=B25*($E$1/100)/12	=$E$2-C25	=C25+D25
26	23	=B25-D25	=B26*($E$1/100)/12	=$E$2-C26	=C26+D26
27	24	=B26-D26	=B27*($E$1/100)/12	=$E$2-C27	=C27+D27
28	Summe		=SUMME(C4:C27)	=SUMME(D4:D27)	=SUMME(E4:E27)

Seite 115 | Aufgabe 3

a) Bei Anstieg des Aktienkurses um 50 % werden erst 75 % des Ausgangswertes erreicht. ($x \cdot \frac{50}{100} \cdot \frac{150}{100} = x \cdot \frac{3}{4}$)

b) Der Aktienkurs müsste um 100 % auf 200 % steigen, um den alten Stand wieder zu erreichen. ($x \cdot \frac{50}{100} \cdot \frac{200}{100} = x$)

„Mischungen"

Seite 115 | Aufgabe 1

a) Bei dieser Teemischung kostet ein Gramm Tee 7,8 Cent. ($\frac{150 \cdot 9 + 100 \cdot 6}{250} = 7{,}8$)

b) Für diese Teemischung sind 50 g Malvenblüten mit 100 g Melissenblättern zu mischen. ($\frac{x \cdot 9 + 100 \cdot 6}{x + 100} = 7$)

Seite 115 | Aufgabe 2

In der Mischung sind $\frac{1\,750 \cdot 100}{20\,000} = 8{,}75\ \%$ Bioethanol enthalten.

Seite 115 | Aufgabe 3

a) Zum Gießen verwendet man eine 0,06 prozentige Mischung von GREENFLOR – Konzentrat und Waser. ($\frac{3 \cdot 100}{5003} = 0{,}06$)
Auf 10 ml GREENFLOR sind $16\frac{2}{3}$ Liter Wasser hinzuzugeben. ($\frac{10 \cdot 100}{0{,}06} = 16\frac{2}{3}$)

b) Auf 1 Liter Wasser kommen 6 ml Konzentrat. ($\frac{1000 \cdot 0{,}6}{100} = 6$)
Ergebnisse in Tabelle wurden gerundet angegeben

Wassermenge in Liter	1	2	3	4	5
Konzentratmenge in m]	6	12	18	24	30

Interessantes und Kniffliges

„Gewinnanteile berechnen"

Seite 116 | „Gewinnanteile …"

Andreas: 3500 €; Bernd: 4000 €; Chris: 4000 € Danny: 3000 €

Seite 116 | „Geheimcode …"

Es treten nur Primzahlen auf. Die Primzahlen (beginnend mit 2) sind fortlaufend umkehrbar eindeutig den Buchstaben zugeordnet: 2 = A; 3 = B; 5 = C; 7 = D; … Martin hat Astrid geschrieben: ICH HABE DICH LIEB.

Seite 116 | „Sieger und …"

1. Platz: Lena 2. Platz: Marie 3. Platz: Anna

Die erste Aussage von Mia ist wahr, die beiden anderen sind falsch. Daraus ergibt sich die Platzverteilung. Alle anderen Annahmen führen zu Widersprüchen bei der Platzverteilung.

Seite 116 | „Thinking about…"

a) *Übersetzung:* Sebastian denkt über die Zeit nach und stellt Phillip folgende Aufgabe:
Es gibt eine Zeit zwischen 14:00 Uhr und 17:00 Uhr, von der es bis 17:00 Uhr dreimal so viele Minuten sind wie Minuten seit 14:00 Uhr vergangen sind. Welche Uhrzeit ist das?
Lösung:

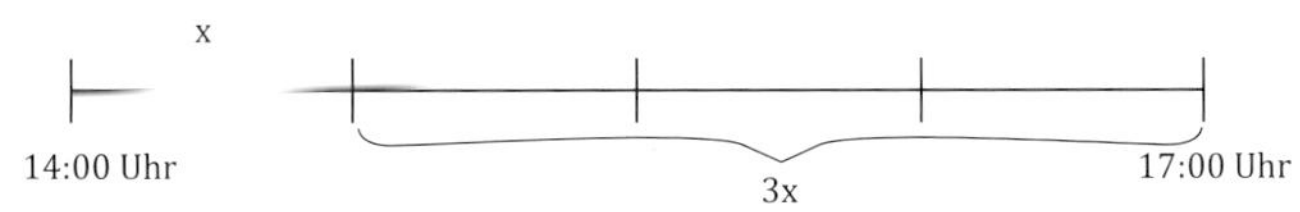

180 min : 4 = 45 min
Die gesuchte Zeit ist 14:45 Uhr.

b) *Übersetzung:* Nachdem Phillip die Aufgabe gelöst hat, stellt er Sebastian eine Aufgabe: Am 26.3.2014 beginnt um 8:30 Uhr an der Chapman-Schule in Canberra eine Mathematikunterrichtsstunde. Welches Datum und welche Uhrzeit sind es nach 2014 Minuten?
Lösung:
2014 min : 60 min = 33 Rest 34 → 1 Tag, 9 Stunden, 34 Minuten → 27.03.2014; 18:04 Uhr

Seite 116 | „Große Zahlen …"

$a = \frac{n}{m}$; $b = \frac{n+1}{m+1}$ mit $0 < n < m$; $a - b = \frac{n(m+1) - m(n+1)}{m\,(m+1)} = \frac{n-m}{m(m+1)} < 0$, weil $n < m$ → $a < b$

Seite 116 | „Zahlensalat …"

Beispiele: $111 - 11 = 100$; $(2 \cdot 2 \cdot 2 + 2)^2 = 100$; $33 \cdot 3 + 3 : 3 = 100$; $5 \cdot 5 \cdot 5 - 5 \cdot 5 = 100$

5. Kreise

5.1 Kreise zeichnen und bezeichnen

Seite 120 | Einstieg

Der Rondellplatz in Putbus mit einem Durchmesser von etwa 150 m wurde nach , dem Vorbild des „Circus“ im englischen Badeort Bath gebaut. Der Begriff „Circus“ hat seine Wurzeln im griechischen „kírkos“ (Ring), ist abgeleitet aus dem lateinischen Wort *„circus“* und bedeutet: *Kreis; Ring; Rennbahn; Arena*

Seite 120 | Aufgabe 1

Kreise sind in den Abbildungen (1), (2) und (5) zu enthalten. Alle Punkte liegen hier in einer Ebene und haben von einem festen Punkt den gleichen Abstand. Bei (2) sind zwei Kreise erkennbar. Die Abbildungen (3), (4) und (6) enthalten keine Kreise. Die Punkte dieser Figuren sind nicht alle gleich weit von einem festen Punkt entfernt.

Seite 121 | Aufgabe 2

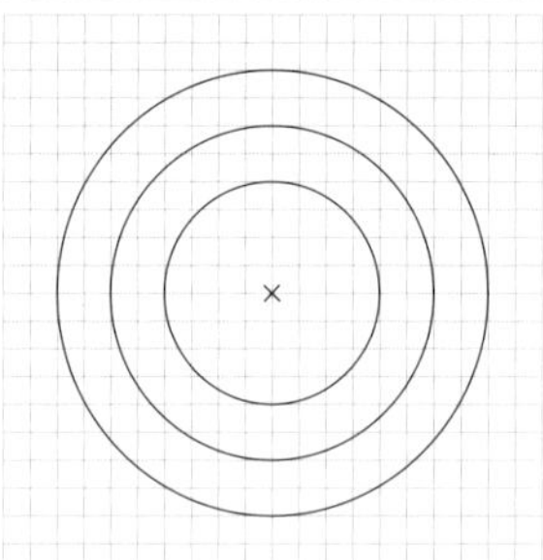

Seite 121 | Aufgabe 3

Individuelle Lösung wie im Schülerbuch Seite 121 Aufgabe 3.

Seite 121 | Aufgabe 4

a)Beispiele

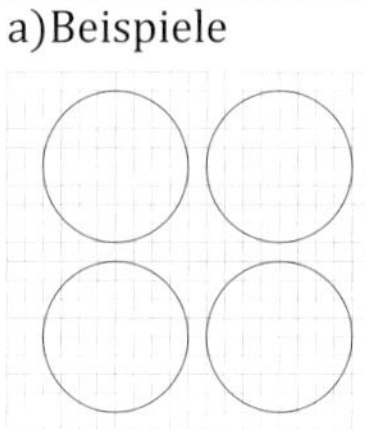

b) Beispiele

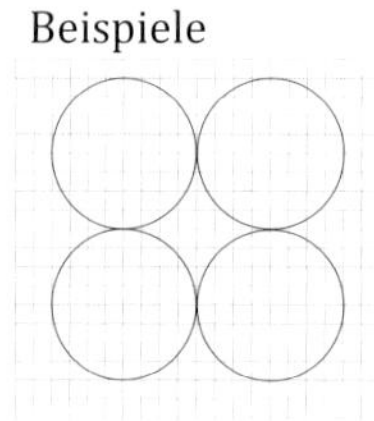

Seite 121 | Aufgabe 5

a) Das Symbol der olympischen Spiele besteht aus fünf gleich großen (verschlungene) Farbringen (2 Kreise mit einem gemeinsamen Mittelpunkt).
b) Individuelle Lösung

Seite 121 | Aufgabe 6

a)

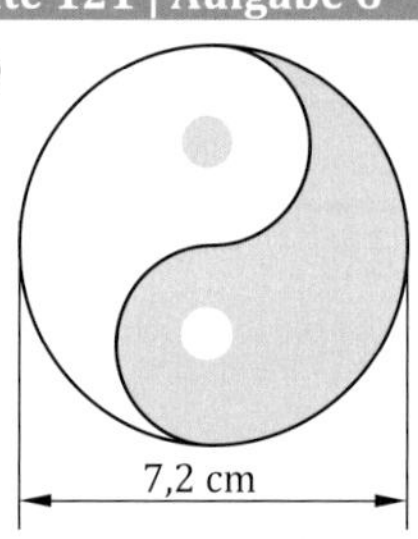

b)

Seite 121 | Aufgabe 7

Nein, Kim hat offenbar den Durchmesser des goldenen inneren Kreises bestimmt. Sie müsste jedoch den Durchmesser des silbernen Kreises bestimmen und diesen anschließend halbieren, um den Radius zu erhalten. Er beträgt 12,875 mm.

Seite 121 | Aufgabe 8

Individuelle Lösung

Seite 121 | Aufgabe 9

Ein regelmäßige Achteck (Oktogon) ist ein Vieleck mit acht Ecken, mit acht gleich langen Seiten und acht gleich großen Innenwinkeln.
Es ist sowohl punkt-, als auch achsensymmetrisch.
Ein Achteck hat 20 Diagonalen.

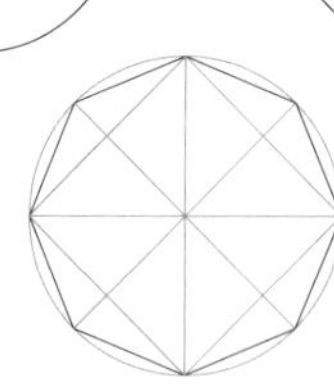

5.2 Lagebeziehungen untersuchen

Seite 122 | Einstieg

Nein, denn eine Tangente (von lateinisch: *„tangere“* – berühren) ist in der Geometrie eine Gerade, die eine gegebene Kurve in einem bestimmten Punkt berührt. (Beispiel: Straße für das Rad eines Autos)
Die Schnellstraße „Westtangente“ ist keine „Berührende“.

Seite 122 | Aufgabe 1

Beispiele: a) b) c) d)

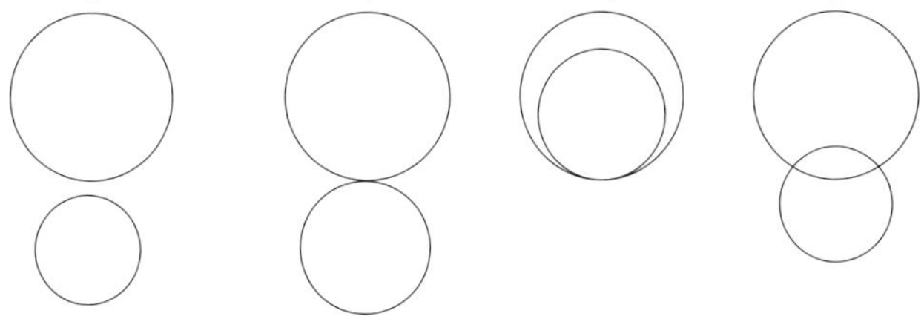

Seite 122 | Aufgabe 2

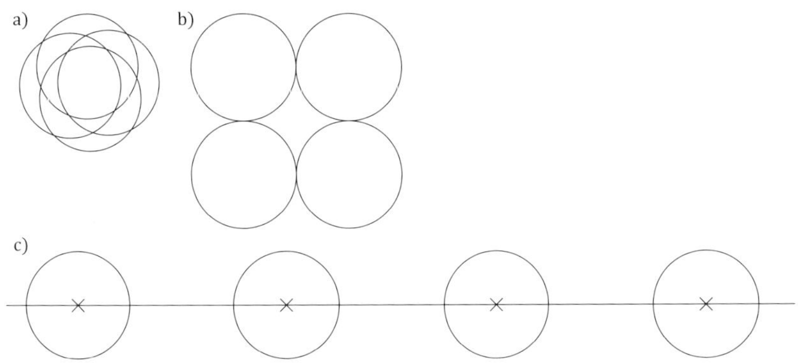

Seite 123 | Aufgabe 3

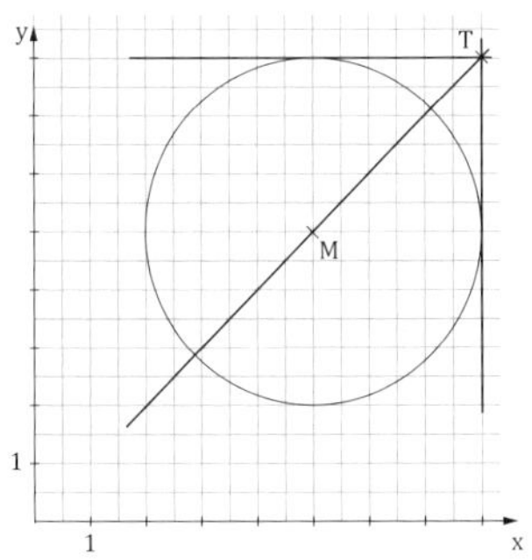

Seite 123 | Aufgabe 4

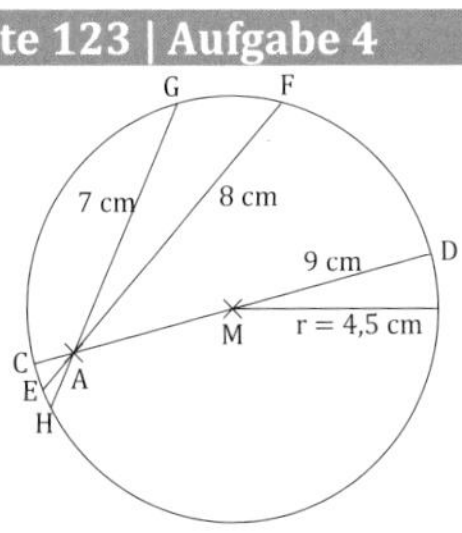

Eine Sehne mit einer Länge von 10 cm kann es nicht geben.

Seite 123 | Aufgabe 5

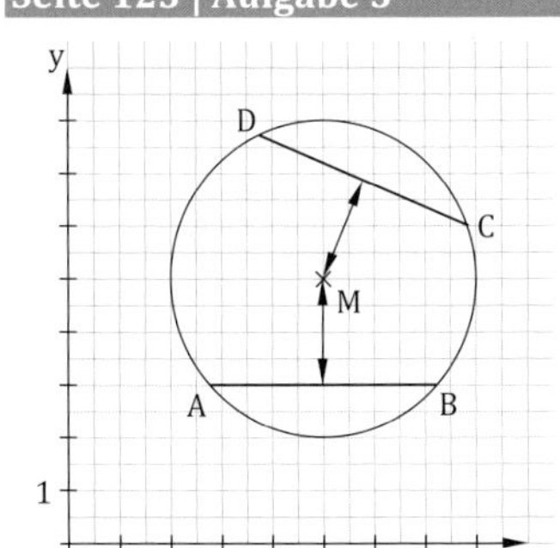

Beide Abstände sind gleich groß.
Bei einer Sehnenlängen von 4 cm beträgt der Abstand der Sehnen zum Kreismittelpunkt 2,2 cm.

Seite 124 | Aufgabe 6

a) Individuelle Lösung

b) Individuelle Lösung

c) Beide Tangenten sind zueinander parallel.

Seite 124 | Aufgabe 7

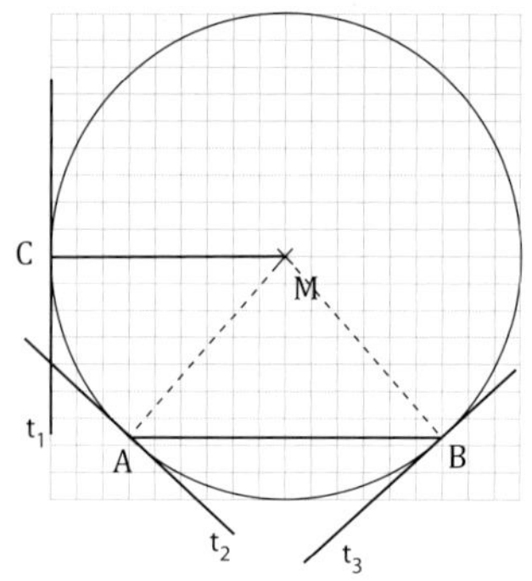

Seite 124 | Aufgabe 8

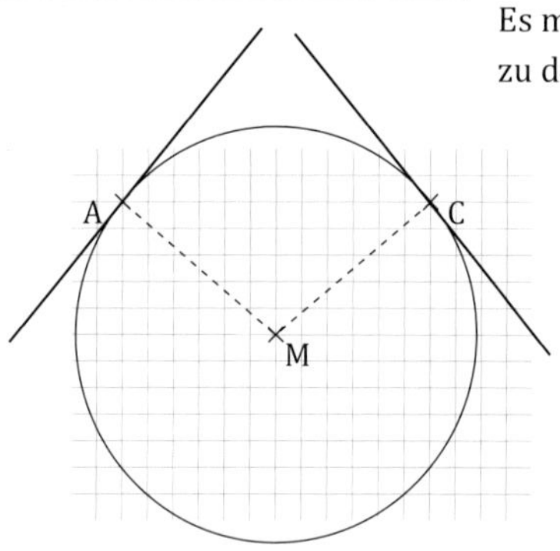

Es müssen die Senkrechten in den Punkten A und C zu den Berührungsradien $\overline{AM}$ und $\overline{CM}$ konstruiert werden.

Seite 147 | Aufgabe 9

a) und b)

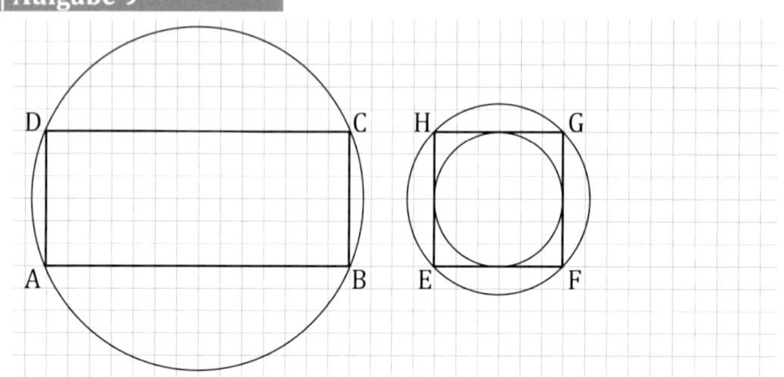

c) Beim Rechteck gibt es immer einen Kreis durch die Eckpunkte, da diese jeweils gleich weit vom Schnittpunkt der Diagonalen entfernt sind.
Beim Rechteck gibt es keinen Kreis durch die Mittelpunkte der Seiten, da diese nur paarweise den gleichen Abstand zum Schnittpunkt der Diagonalen haben.

Seite 124 | Aufgabe 10

Individuelle Lösung

Seite 125 | Aufgabe 11

Sie haben gleiche Abstände. Ihre Radien unterscheiden sich jeweils um 2 cm.

Seite 125 | Aufgabe 12

a) Individuelle Lösung

b) Großer Kreis: (d ≈ 7 cm); kleine Kreise: (d ≈ 3,5 cm)

Seite 125 | Aufgabe 13

a) Individuelle Lösung (r = 2,5 cm)

b) Verbot für Fahrzeuge aller Art (Es gilt nicht für Handfahrzeuge und für Tiere; Krafträder und Fahrräder dürfen geschoben werden.)

Seite 125 | Aufgabe 14

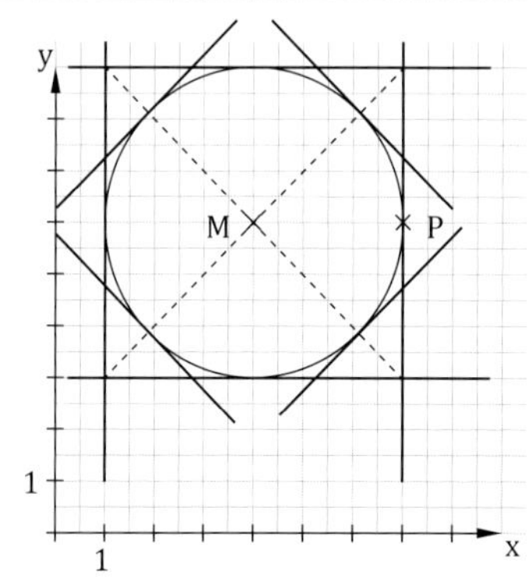

Seite 125 | Aufgabe 15

Da die vier Tangenten ein Quadrat bilden, entsteht ein Rechteck, denn jedes Quadrat ist auch ein Rechteck.

Seite 125 | Aufgabe 16

a)

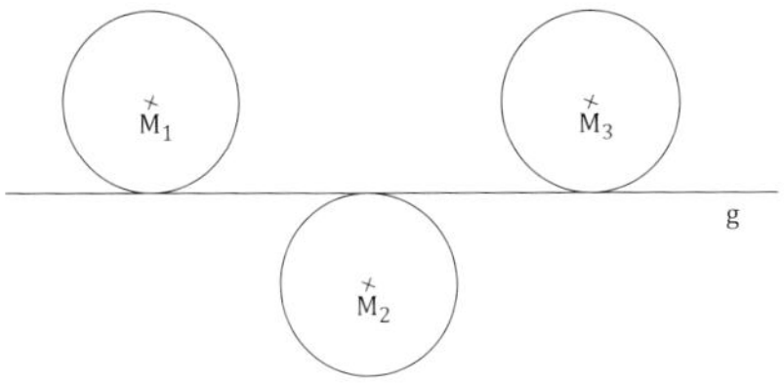

Die Mittelpunkte M_1; M_2 und M_3 der Kreise sind alle 2 cm von der Geraden g entfernt.

b)

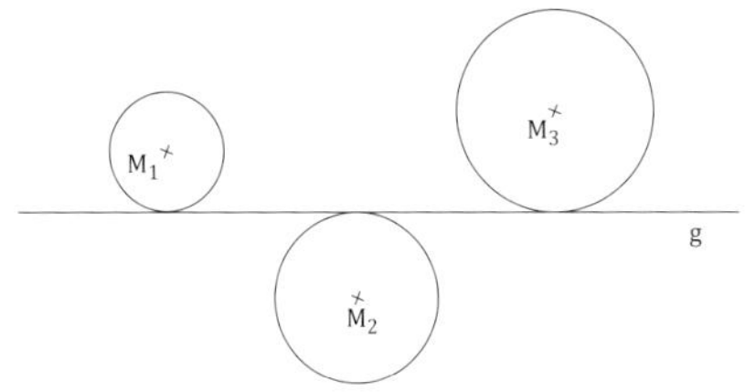

Die Mittelpunkte M_1; M_2 und M_3 der Kreise Haben jeweils den Abstand r zur Geraden g.

Seite 125 | Aufgabe 17

Die Mittelpunkte der Kreise liegen auf den Winkelhalbierenden der Winkel, die beide Geraden bilden.

Seite 125 | Aufgabe 18

a) und b)

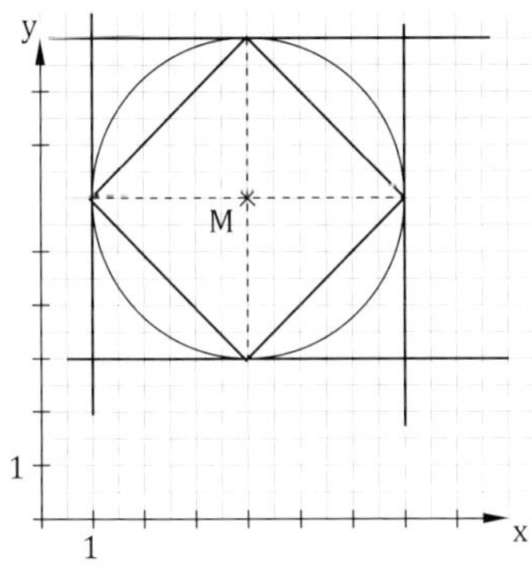

c) Der Flächeninhalt des durch die Tangenten gebildeten Vierecks ist doppelt so groß, wei der Flächenihalt des Vierecks, dessen Eckpunkte auf dem Kreis liegen.

Seite 125 | Aufgabe 19

Die Linie bildet eine Ellipse. (Geometrischer Ort aller Punkte einer Ebene, deren Summe ihrer Abstände zu zwei festen Punkten, den Brennpunkten der Ellipse, konstant ist.)

5.3 Sätze über Winkel am Kreis anwenden

Seite 126 | Einstieg

Paula hat eine richtige Vermutung aufgestellt.

Seite 127 | Aufgabe 1

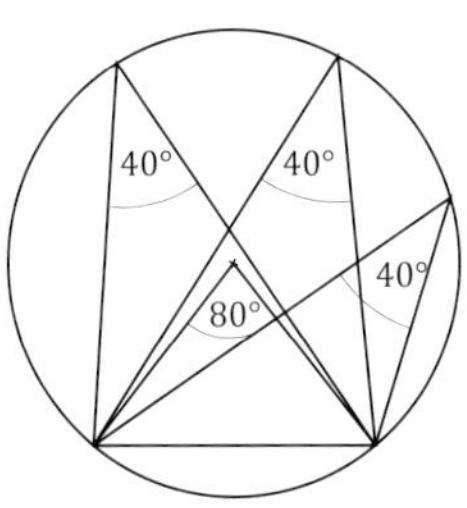

Seite 127 | Aufgabe 2

Individuelle Lösung

Seite 127 | Aufgabe 3

Der Winkel CBA ist Peripheriewinkel zum Zentriwinkel AMC. Sie liegen beide auf der selben Seite der Sehne $\overline{AC}$, dem Durchmesser.

Seite 128 | Aufgabe 4

$\beta = 40°, \gamma = 100°, \delta = 50°, \varepsilon = 50°$

Seite 128 | Aufgabe 5

a) $\beta = 22{,}5°$ b) $\beta = 45°$ c) $\beta = 90°$ d) $\beta = 0°$

Seite 128 | Aufgabe 6

a) $\beta = 15°; \gamma = 90°$
b) $\alpha = 60°; \beta = 30°$ und $\gamma = 90°$
c) $\alpha = \beta - 90°; \beta = \alpha - 90°$
d) $\alpha = 67{,}5°; \beta = 22{,}5°$ und $\gamma = 90°$
e) $\alpha = 45°; \gamma = 90°$
f) $\alpha = 45°; \beta = 45°$ und $\gamma = 90°$

Seite 128 | Aufgabe 7

a) $\beta = 120°; \gamma = 60°; \delta = 60°$
b) $\beta = 30°; \gamma = 150°; \delta = 15°$
c) $\beta = 90°; \gamma = 90°; \delta = 45°$
d) $\beta = 160°; \gamma = 20°; \delta = 80°$

Seite 129 | Aufgabe 8

a) Maßstab 1 : 2

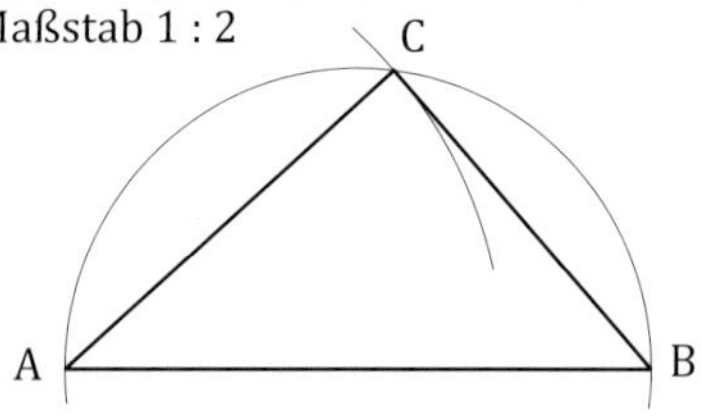

b) Maßstab 1 : 2

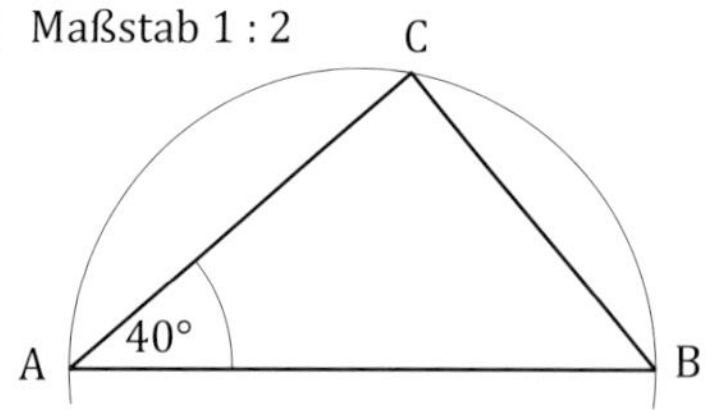

c) Maßstab 1 : 2

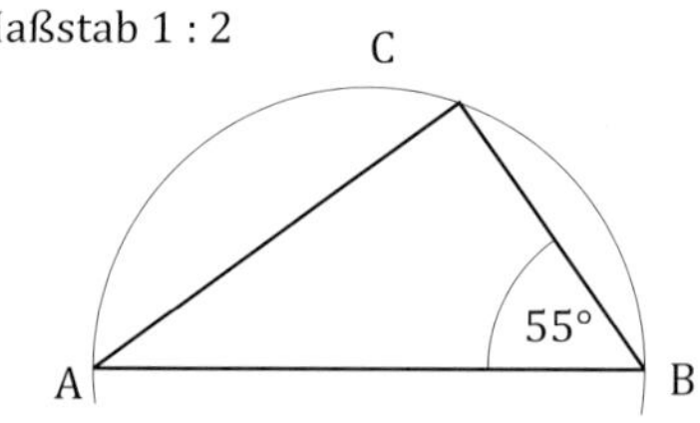

Seite 129 | Aufgabe 9

a) Zeichne eine Parallele zur Seite a = 5 cm im Abstand von h_a = 2,1 cm. Zeichne einen Halbkreis über a mit dem Mittelpunkt in der Seitenmitte von a und dem Radius 2,5 cm. Punkt B ist der Schnittpunkt der Parallelen mit dem Halbkreis. Der Winkel α beträgt 90°. Die Lösung ist nicht eindeutig.

b) Zeichne eine Parallele zur Seite b = 5 cm im Abstand von h_b = 2,5 cm. Zeichne einen Halbkreis über b mit dem Mittelpunkt in der Seitenmitte von b und dem Radius 2,5 cm. Da h_b und r die gleiche Länge haben, liegt Punkt B genau auf dem Halbkreis. Der Winkel β beträgt 90°.

Seite 129 | Aufgabe 10

Die Dreiecke ABC haben alle die gleiche Grundseite. Der Flächeninhalt des dabei entstehenden gleichschenkligen Dreiecks hat den größten Flächeninhalt, weil bei diesem Dreieck die Höhe am größten ist.

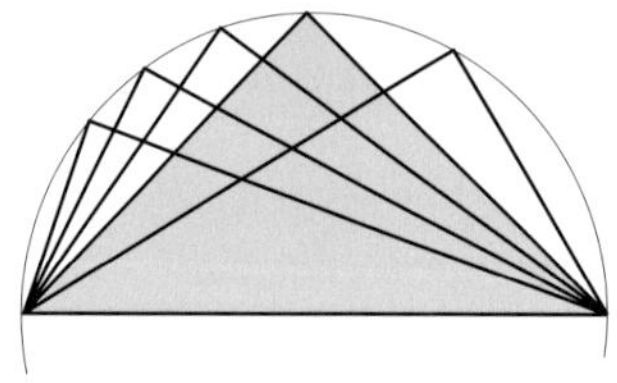

Seite 129 | Aufgabe 11

a) Zeichne einen Kreis mit dem Durchmesser d = $\overline{AB}$ = 5 cm. Zeichne um B einen Kreis mit d = $\overline{BC}$ = 2 cm. Bezeichne den Schnittpunkt der beiden Kreise mit C. Verbinde C mit A und mit B.

b) α = 30°; β = 60°; γ = 60°; δ = 60°

Seite 129 | Aufgabe 12

Zeichne einen Halbkreis mit dem Durchmesser d = $\overline{PQ}$ = 6,5 cm. Zeichne um P einen Kreis mit r = 3,5 cm. Bezeichne den entstehenden Schnittpunkt mit dem Halbkreis mit mit C. Zeichne die Gerade g = QC. Die Gerade g hat zu P einen Abstand von 3,5 cm.

Seite 129 | Aufgabe 13

$\beta_1 = 20°$; $\beta_2 = 50°$

Seite 130 | Aufgabe 14

a) β = 25°; γ = 65°

b) β = 25°; δ = 65°; ε = 130°

Seite 130 | Aufgabe 15

Wie das Gegenbeispiel zeigt, ist die Aussage von Peggy falsch.

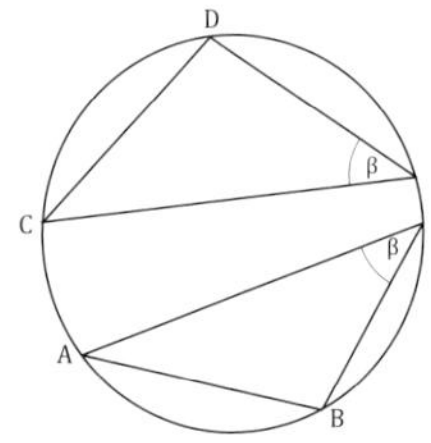

Seite 130 | Aufgabe 16

α = 38°; β = 52°; δ = 116°; ε = 12°

Seite 130 | Aufgabe 17

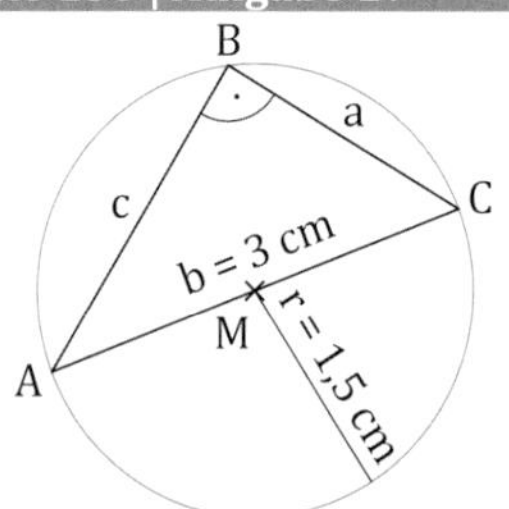

Die Strecke $\overline{AC}$ ist 3 cm lang. Da $\overline{AB}$ senkrecht zu $\overline{BC}$ steht ist $\overline{AC}$ die Hypotenuse des rechtwinkligen Dreiecks ABC und damit Durchmesser des entsprechenden Thaleskreises.

Seite 130 | Aufgabe 18

Konstruktionsschritte:

- Punkt A festlegen und im Winkel von 75° die Seiten $\overline{AB}$ und $\overline{AD}$ antragen. Die Endpunkte der Strecken sind B und D.
- Zu den beiden Seiten $\overline{AB}$ und $\overline{AD}$ die Mittelsenkrechten konstruieren.
- Um den Schnittpunkt M der Mittelsenkrechten den Umkreis durch A, B und D zeichnen.
- Kreisdurchmessers zeichnen von A aus über M. Der A gegenüberliegende Punkt ist C.
- Verbinden der Punkte B, C und D.

Seite 130 | Aufgabe 19

a) Da sowohl die Dreiecke ACD und ACB als auch die Dreiecke DBC und DBA nach dem Satz des Thales rechtwinklig sind, sind alle Winkel im Viereck ABCD rechtwinklig. Somit sind A, B, C und D die Eckpunkte eines Rechtecks.

b) $\overline{AC}$ und $\overline{BD}$ sind zueinander senkrecht.

Seite 130 | Aufgabe 20

Individuelle Lösung

Seite 130 | Aufgabe 21

a) Nicht konstruierbar für $a < h_b$ oder $c < h_b$.
b) Nicht konstruierbar für $h_b > c$.

Seite 130 | Aufgabe 22

$\beta = 20°$; $\gamma = 90°$; $\delta = 70°$

5.4 Umfang und Flächeninhalt von Kreisen berechnen

Seite 131 | Einstieg

Länge der Strecke = Umfang des Messrades mal Anzahl der Umdrehungen

Seite 132 | Aufgabe 1

a) u = 31,42 cm
b) u = 628,32 m
c) u = 6,28 m
d) u = 62,83 mm

Seite 132 | Aufgabe 2

Der Kreis um M_1 hat einen einen Umfang von etwa 9,4 cm, der um M_2 einen Umfang von etwa 15,7 cm.

Seite 132 | Aufgabe 3

r	6 cm	7 cm	52 mm	37,5 dm	0,5 m	0,0625 km
d	12 cm	14 cm	104 mm	75 dm	1,0 m	0,125 km
u	≈ 37,7 cm	≈ 44 cm	≈ 327 mm	≈ 235,6 dm	≈ 3,14 m	≈ 0,393 km

Seite 133 | Aufgabe 4

a) A = 12,57 cm^2
b) A = 78,54 dm^2
c) A = 12,57 m^2
d) A = 1256,64 mm^2

Seite 133 | Aufgabe 5

Der Kreis um M_1 hat einen Flächeninhalt von etwa 7,1 cm^2, der um M_2 einen Flächeninhalt von etwa 19,6 cm^2.

Seite 133 | Aufgabe 6

r	6 cm	7 cm	52 mm	37,5 dm	0,5 m	12,5 m
d	12 cm	14 cm	104 mm	75 dm	1,0 m	25 m
A	≈ 113,1 cm^2	≈ 153,9 cm^2	≈ 8494,9 mm^2	≈ 4417,9 dm^2	≈ 0,79 m^2	≈ 490,9 m^2

Seite 133 | Aufgabe 7

a) r = 4,3 cm; d = 8,6 cm
b) r = 1,6 dm; d = 3,2 dm
c) r = 2,0 km; d = 3,9 km
d) r = 10 m; d = 20 m
e) r = 3,1 cm; d = 6,3 cm

Seite 133 | Aufgabe 8

u	2,2 m	25 m	12,6 m	1 m
A	0,39 m^2	198, 3 m^2	12,6 m^2	0,08 m^2
r	0,35 m	15,9 m	2,0 m	0,16 m
d	0,70 m	7,96 m	4,0 m	0,32 m

Seite 134 | Aufgabe 9

d	r	u	A
3,2 m	1,6 m	≈ 10,1 m	≈ 8,04 m^2
29 dm	14,5 dm	≈ 91,1 dm	≈ 660,5 dm^2
≈ 7,6 cm	≈ 3,8 cm	24 cm	≈ 45,8 cm^2
≈ 11,3 cm	≈ 5,6 cm	≈ 35,4 dm	100 cm^2

Seite 134 | Aufgabe 10

a) u ≈ 80,9 mm
b) u ≈ 1319 mm
c) u ≈ 2,01 m
d) u ≈ 37,7 cm

Seite 134 | Aufgabe 11

a) ≈ 37,7 cm
b) ≈ 37,7 cm

Seite 134 | Aufgabe 12

a) ≈ 50,3 m
b) ≈ 1256,6 m ≈ 1,26 km
c) ≈ 9,50 m

Seite 134 | Aufgabe 13

a) $A = \frac{1}{2}\pi r^2$
b) $A = \pi r^2 - 2 \cdot \pi \left(\frac{r}{2}\right)^2 = \frac{1}{2}\pi r^2$
c) $A = \frac{1}{2}\pi r^2 + \left(2r^2 - 2 \cdot \frac{1}{4}\pi r^2\right) = 2r^2$
d) $A = \pi r^2 - r^2 = (\pi - 1)r^2$

Seite 134 | Aufgabe 14

A ≈ 153,94 km^2

Seite 134 | Aufgabe 15

$A \approx 19{,}63\ m^2$; 1963 Rosen

Seite 134 | Aufgabe 16

Er muss einen Durchmesser von etwa 10 m haben.

Seite 135 | Aufgabe 17

Beispiel: Kreis mit $d = 10$ cm. Näherungsmethode: $u = 3 \cdot 10\ cm + 1{,}5\ cm = 31{,}5\ cm$.
Exakte Rechnung: $u = \pi \cdot 10\ cm \approx 31{,}42\ cm$. Die Methode ist relativ gut.

Seite 135 | Aufgabe 18

a) Falsch, der Durchmesser des Äquators beträgt etwa 12 742 km, nicht der Äuator selbst.
b) Wahr
c) Falsch, dann beträgt der Flächeninhalt $\frac{1}{9}$ des ursprünglichen Flächeninhalts.
d) Falsch, dann beträgt der Flächeninhalt $\frac{1}{4}$ des ursprünglichen Flächeninhalts.

Seite 135 | Aufgabe 19

$l = \frac{1}{2} \cdot \pi \cdot (2\ cm + 3\ cm + 4\ cm + 5\ cm + 3\ cm + 2\ cm + 1\ cm) \approx 31{,}4\ cm$

Seite 135 | Aufgabe 20

$u_{innen} = \pi \cdot 10\ cm \approx 31{,}42\ cm$; $u_{außen} = \pi \cdot 18\ cm \approx 56{,}55\ cm$ $l = u_{innen} + u_{außen} - 6\ m \approx 82\ m$
Man benötigt 274 Randsteine.

Seite 135 | Aufgabe 21

a) Radius der Eiche: $r \approx 84{,}35$ cm; Radius der Fichte: $r \approx 97{,}1$ cm
b) Anzahl der Jahresringe: Radius dividiert durch die durchschnittliche Dicke eines Ringes.
Alter der Eiche: $843{,}5 : 3 \approx 281$ Jahre; Alter der Fichte: $971 : 5 \approx 194$ Jahre.
Die Eiche ist älter.

Seite 135 | Aufgabe 22

a) $r \approx 6366$ km
b) $u = 40\,000\,000$ m und $r = 6\,366\,197{,}72$ m; $u = 40\,000\,001$ m und $r = 6\,366\,197{,}88$m; Differenz: 0,16 m
c) Verlängerung 2 m: Abstand etwa 32 cm; Verlängerung 3 m: Abstand etwa 48 cm; Verlängerung 4 m: Abstand etwa 64 cm.
1 m Verlängerung erhöht den Abstand um 16 cm.
d) Verlängerung 11 m: Abstand etwa 176 cm

Seite 135 | Aufgabe 23

a) Bei einer Umdrehung legt ein Reifen eine Strecke von $\approx 1{,}9$ m mit einer Geschwindigkeit von $\approx 3{,}325$ Meter pro Sekunde (12 Kilometer pro Stunde) zurück.
b) Da 20 Minuten ein Drittel einer Stunde ist, ist sein Schulweg ca. 4 km lang.
c) Es $\approx 130{,}45$ Umdrehungen. Florian wäre 4 Minuten früher in der Schule.
d) Die Geschwindigkeit hängt nicht nur von der Reifengröße ab.

Seite 136 | Aufgabe 24

a) $r = 60\ cm + 15\ cm = 75\ cm$. $A = \pi \cdot (75\ cm)^2 \approx 17\,671{,}46\ cm^2 \approx 1{,}77\ m^2$
b) $u = 2 \cdot \pi \cdot 75\ cm \approx 4{,}71\ m$

Seite 136 | Aufgabe 25

a) Es ergeben sich $\approx 800{,}5$ h, also ca. 33,4 Tage.
b) Es ergeben sich $\approx 663{,}6$ h, also ca. 27,7 Tage.

Seite 136 | Aufgabe 26

a) $d_{Maxipizza} \approx 28{,}28$ cm
b) Bei der Familienpizza sind es 107,4 cm^2 Pizza pro Euro, bei der kleinen Pizza sind es 87,27 pro Euro.
Die Familienpizza lohnt sich also.

Seite 136 | Aufgabe 27

a)

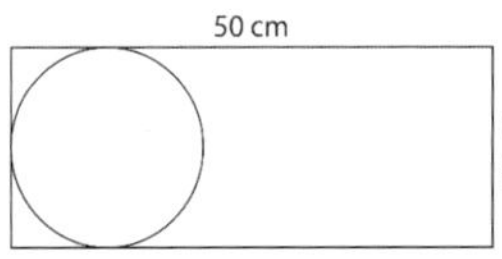

Der Durchmesser des Kreises entspricht der Länge der kürzeren Rechteckseite. Der Flächeninhalt beträgt dann: $\approx 314{,}16\ cm^2$

Seite 136 | Aufgabe 28

a) Eine Umdrehung
b) Das Verhältnis muss 4 : 1 betragen.

Streifzug: Kreisausschnitte und Kreisringe berechnen

Seite 137 | Aufgabe 1

a) $A \approx 20{,}1\ cm^2$; $b \approx 5{,}03$ cm
b) $A \approx 33{,}5\ cm^2$; $b \approx 8{,}4$ cm
c) $A \approx 50{,}3\ cm^2$; $b \approx 12{,}6$ cm
d) $A \approx 67\ cm^2$; $b \approx 16{,}8$ cm
e) $A \approx 96{,}1\ cm^2$; $b \approx\approx 24$ cm
f) $A \approx 139{,}6\ cm^2$; $b \approx 34{,}9$ cm

Seite 137 | Aufgabe 2

$r_{außen}$	9 cm	12 cm	1,6 dm
r_{innen}	7 cm	9 cm	1,4 dm
$A_{Kreisring}$	$\approx$ 100 cm²	$\approx$ 198 cm²	$\approx$ 1,9 dm²

Seite 137 | Aufgabe 3

Die Fläche der Bühne beträgt etwa 660 m².

Seite 137 | Aufgabe 4

Das Rohr hat einen inneren Durchmesser von 8,5 cm mit einer Querschnittssfläche von etwa 227 cm².

5.5 Vermischte Aufgaben

Seite 138 | Aufgabe 1

	a)	b)	c)	d)	e)	f)	g)	h)
r	12 cm	2,5 dm	3,6 mm	3 m	9,32 m	$\frac{3}{5}$ cm	0,7 dm	$\frac{1}{3}$ cm
d	24 cm	5 dm	7,2 mm	6 m	18,64 m	1,2 cm	1,4 dm	$\frac{2}{3}$ cm
u	75,40 cm	15,71 dm	22,62 mm	18,85 m	58,56 m	3,77 cm	4,4 dm	2,09 cm
A	452,39 cm²	19,635 dm²	40,72 mm²	28,27 m²	272,89 m²	1,13 cm²	1,54 dm²	0,35 cm²

Seite 138 | Aufgabe 2

a) $r \approx 5{,}73$ cm b) $r \approx 3{,}91$ dm c) $r \approx 14{,}32$ mm d) $r \approx 10{,}75$ m

Seite 138 | Aufgabe 3

r = 132,5 cm = 1,325 m; A $\approx$ 5,515 m²

Seite 138 | Aufgabe 4

a) 7 Reihen mit 5 Plätzchen, also insgesamt 35 Stück.
b) $A_{Rest} = 120{,}2$ cm²;
c) Restliche Plätzchen: 9 Stück
d) Versetzt passen auf das Teigrechteck 4 Reihen mit 5 und 4 Reihen mit 4 Plätzchen, also 36 Stück. Da nun aber weniger Verschnitt entsteht, kann man nicht mehr Plätzchen backen.
e) Umfang eines Plätzchens $\approx$ 12,57 cm. Für 44 Plätzchen benötigt man also einen Streifen Zuckerguss, der 553,08 cm lang ist.

Seite 138 | Aufgabe 5

$\alpha = 45°$; $\beta = 90$; $\delta = 64°$; $\varepsilon = 128°$

Seite 138 | Aufgabe 6

Der Winkel hat eine Größe von 30°.

Seite 139 | Aufgabe 7

Winkel ABC = Winkel BCA = Winkel CAB = 60°; Winkel DCB = Winkel BDC = 30°; Winkel CBD = 120°; Winkel DCA = 90°

Seite 139 | Aufgabe 8

Die Höhe bildet mit einer Seite einen Winkel von 30°. (Höhe konstruieren)
Winkel DCB in Aufgabe 7 hat eine Größe von 30°. (Aufgabe 7; Thaleskreis mit Seitenlänge des Dreiecks als Radius)

Seite 139 | Aufgabe 9

a) Individuelle Lösung
b) nicht eindeutig, da $h_c < r_u$
c) genau eine Lösung für $h_c = r_u$; eine Lösung für $h_c > r_u$

Seite 139 | Aufgabe 10

a) Es sind nur zwei Bestimmungsstücke gegeben.
b) Individuelle Lösung

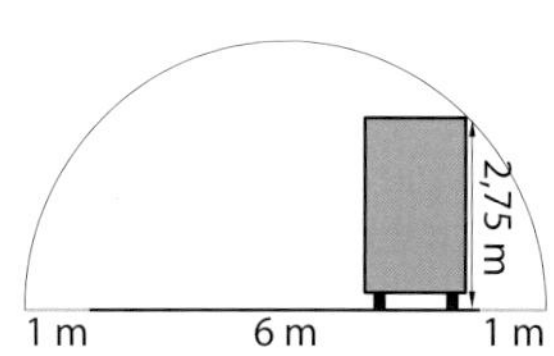

Seite 139 | Aufgabe 11

Wenn der Lkw genau am Straßenrand fährt, sollte er eine Höhe von 2,75 m nicht überschreiten.

Seite 139 | Aufgabe 12

Schätzung:
Die kleinsten Kreise sind die blauen links, dann kommt der rote rechts, der rote links und die größten sind blauen Kreise rechts.
$A_{blau\ links} \approx 7{,}07$ mm²; $A_{rot\ links} \approx 28{,}27$ mm²;
$A_{blau\ rechts} \approx 63{,}62$ mm²; $A_{rot\ rechts} \approx 28{,}27$ mm²
Die beiden roten Kreise sind gleich groß.

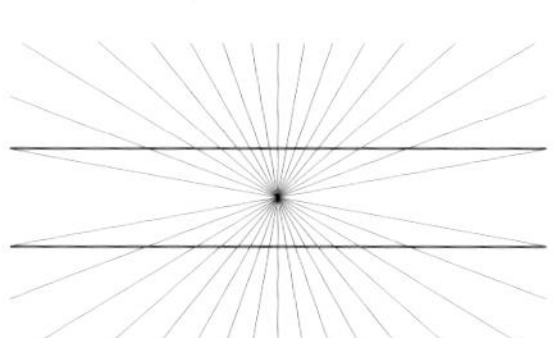

Seite 139 | Aufgabe 13

Für das London Eye gilt: h = 120 m, d = 110 m und u $\approx$ 345,58 m
Violett: 345,58 m
Orange: $t \approx 22{,}15$ Minuten
Grün: $b \approx 162{,}51$
Gelb: s = 345,58 m : 32 $\approx$ 10,8 m
Blau: A $\approx$ 9503,32 m²

6. Körperdarstellung

6.1 Körper und ihre Eigenschaften beschreiben

Seite 146 | Einstieg

Der Bauhaus-Stil nimmt in der Geschichte von Architektur, Design und Kunst des 20. Jahrhunderts eine besondere Rolle ein. Er ist geprägt von einfachen Formen (in kubischer Gestaltung) und einer ökonomische Raumaufteilung ohne unnötige Verzierungen unter Vermeidung komplizierter Formen. Die Bauhaus-Künstler haben „funktionale" (quader- und würfelförmige) Elemente bei der Gestaltung von Bauwerken (Gegenständen) verwendet.
Beispiele: Architektur (Bauhaus in Dessau); Möbel (Sessel „Wassily", Freischwinger)

Seite 147 | Aufgabe 1

a) Folgende Körper sind keine Prismen, weil sie keine zwei zueinander kongruenten und parallelen Vielecke (n-Ecke) als Grund- und Deckflächen haben: (2); (3); (4); (5); (10); (11)
b) (1) Mantelfläche besteht aus vier Rechtecken; (6) Mantelfläche besteht aus drei Rechtecken; (7) Mantelfläche besteht aus drei Rechtecken; (8) Mantelfläche besteht aus vier Rechtecken; (9) Mantelfläche besteht aus vier Rechtecken; (12) Mantelfläche besteht aus vier Quadraten
c) (1) Rechteck; (2) Quadrat; (3) Kreis; (4) Kreis; (5) keine Grundfläche; (6) Dreieck; (7) Dreieck; (8) Parallelogramm; (9) Trapez; (10) Kreis; (11) Quadrat; (12) Quadrat
d) Körper (11) ist keine Pyramide, weil er keine Spitze, sondern eine Deckfläche hat.

Seite 147 | Aufgabe 2

	(1)	(2)	(3)	(4)	(5)	(6)	(7)	(8)
a)	Ja	Ja	Ja	Ja	Ja	Ja	Nein	Ja
b)	Ja	Ja	Nein	Ja	Ja	Ja	Nein	Ja
c)	Nein	Nein	Ja	Nein	Nein	Ja	Ja	Nein
d)	Ja	Ja	Nein	Ja	Ja	Ja	Nein	Ja
e)	Ja	Ja	Nein	Ja	Ja	Ja	Nein	Ja

Seite 148 | Aufgabe 3

Quader sind auch immer gerade Prismen, weil beim Quader die Kanten der Seitenflächen senkrecht zur Grund- und zur Deckfläche sind. Seine Mantelfläche besteht ausschließlich aus Rechtecken.

Seite 149 | Aufgabe 4

	a)	b)	c)	d)	e)	f)	g)	h)	i)	j
Gerade	Ja	Ja	Ja	Ja	Ja	Nein	Ja	Nein	Ja	Ja
Schief	Nein	Nein	Nein	Nein	Nein	Ja	Nein	Ja	Nein	Nein

Die Körper f) und h) sind schief, weil die Mantellinien nicht senkrecht zur Grund- und Deckfläche bzw. die Dreiecke der Mantelfläche nicht nur gleichschenklig sind.

Seite 149 | Aufgabe 5

Beispiele:

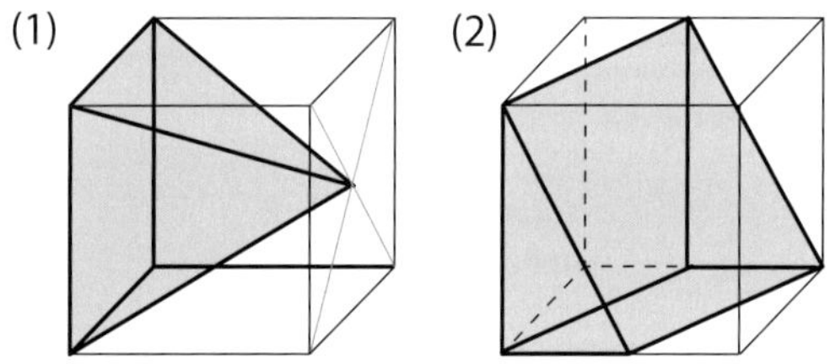

Seite 149 | Aufgabe 6

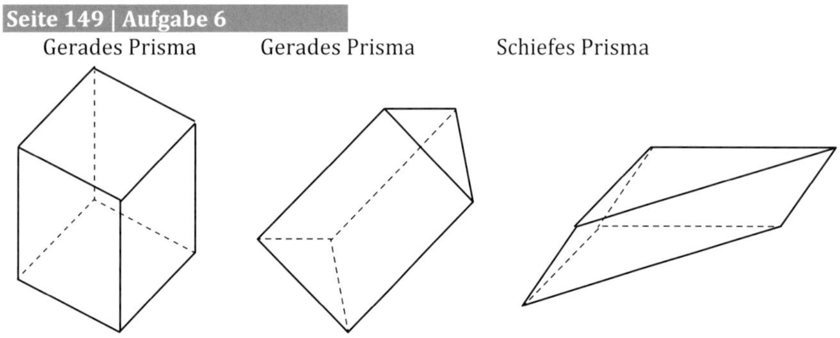

Bei allen Prismen sind die Seitenkanten senkrecht zur Grund- und Deckfläche (gerade Prismen).

Seite 149 | Aufgabe 7

	Name	Körper	Eigenschaft
(1)	Lampe	Kegel	kreisförmige Grundfläche
(2)	Kirche	Quader, Pyramide, halber Kegel, Dreiecksäule	Pyramide (rechteckige Grundfläche) Quader (rechteckige Grundfläche)
(3)	Trigonometrischer Punkt (Stein)	Würfel (Quader)	alle Seitenflächen rechteckig
(4)	Glaskörper	Pyramide	rechteckige Grundfläche
(5)	Wasserball	Kugel	gewölbte Grundfläche
(6)	Bleistift	Sechsecksäule mit Kegelspitze	sechseckige Grundfläche
(7)	Eistüte	Kegel mit aufgesetzter Kugel	gewölbte Oberfläche
(8)	Blumentopf mit Blume	Pyramidenstumpf mit Kugel	Pyramidenstumpf (quadratische Grundfläche), Baumkrone (gewölbte Oberfläche)
(9)	Büchse	Zylinder	kreisförmige Grundfläche

Seite 149 | Aufgabe 8

Beim Prisma und Kreiszylinder ist der Abstand von Grund- und Deckfläche die Körperhöhe, bei Pyramide und Kreiskegel ist der Abstand der Körperspitze zur Grundfläche die Körperhöhe. Beispiele:

Prisma	Pyramide	Kreiszylinder	Kreiskegel	Kugel
Umzugskarton	Kirchturm	Büchse	Eistüte	Fußball
Spielwürfel	(spitze) Sandform	Kerze	Trichter	Globus

Seite 150 | Aufgabe 9

Nicos Aussage ist wahr, denn bei geraden Prismen sind die Kanten der Seitenflächen senkrecht zur Grund- und zur Deckfläche. Die Mantelfläche besteht ausschließlich aus Rechtecken.

Seite 150 | Aufgabe 10

Die Grundfläche einer Pyramide ist immer ein Vieleck (n-Eck). Bei den Flächen (1) und (5) ist das nicht so.

Seite 150 | Aufgabe 11

Blau	Grün	Gelb
(3; A)	(4; C), (1; D), (2; D)	(5; D), (1; A), (3; D)
(5; A)	(2; A), (5; D)	(1; C)
(1; B)	-	(4; B)
(3; B)	(4; C), (1; D), (2; A)	(1; A), (3; D)
(2; C)	(2; A), (5; B)	(4; A)
(5; C)	(4; C), (1; D), (2; D)	(1; A), (3; D)
(4; D)	(3; C), (4; C), (1; D)	(2; B)

Seite 150 | Aufgabe 12

Der Körper ist kein Kreiszylinder, weil er keine kreisförmige Deckfläche hat. Er ist kein Prisma, weil er keine Vielecke als Grund- und Deckfläche hat. Er ist auch keine Pyramide weil er als Grundfläche kein Vieleck und keine Spitze hat. Der Körper kann aus einem Kreiszylinder hergestellt werden, wenn von diesem zwei zueinander kongruente Teile abgeschnitten werden. Dabei müssen zwei zueinander kongruente (ebene) Schnittflächen entstehen. Die Schnitte gehen vom Durchmesser der Deckfläche schräg nach unten bis zum Rand der Grundfläche.

6.2 Körpernetze zeichnen

Seite 151 | Einstieg

Die abgebildete Faltvorlage passt zum Körper (2), dem Oktaeder, ein regelmäßiges Polyeder mit acht gleichseitigen Dreiecken als Flächen zwölf Kanten und sechs Ecken, in denen jeweils vier Flächen zusammentreffen

Seite 151 | Aufgabe 1

Alle drei Abbildungen (a, b, c) könnten Prismennetze sein.
Grund- und und Deckflächen sind jeweils zueinander kongruente Vielecke und Seitenflächen sind Rechtecke.

Seite 152 | Aufgabe 2

(1) Kein Pyramidennetz, weil die Seitenkanten nicht zueinander passen.
(2) Pyramidennetz, (Es entsteht eine gleichseitige, dreiseitige Pyramide.) Solche Pyramiden werden auch Tetraeder genannt.
(3) Kein Pyramidennetz, weil zwei Flächen beim Zusammenklappen übereinander liegen.
(4) Pyramidennetz; siehe (2)
(5) Pyramidennetz, (Es entsteht eine quadratische Pyramide.)
(6) Kein Pyramidennetz, weil zwei Flächen beim Zusammenklappen übereinander liegen.

Seite 152 | Aufgabe 3

Beispiel: Es ist ein Quader (Kantenlängen 4 cm und 6 cm, Grund- und Deckflächen sind Quadrate)

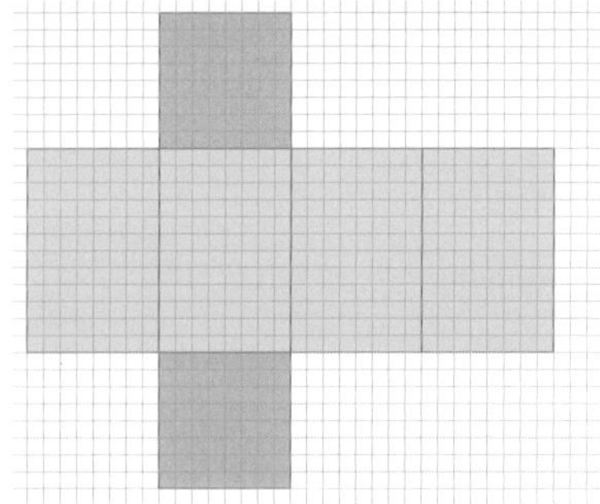

Seite 152 | Aufgabe 4

Beispiel: Es ist ein Quader (Kantenlängen 4 cm, 5 cm und 6 cm, Grund- und Deckflächen sind Rechtecke)

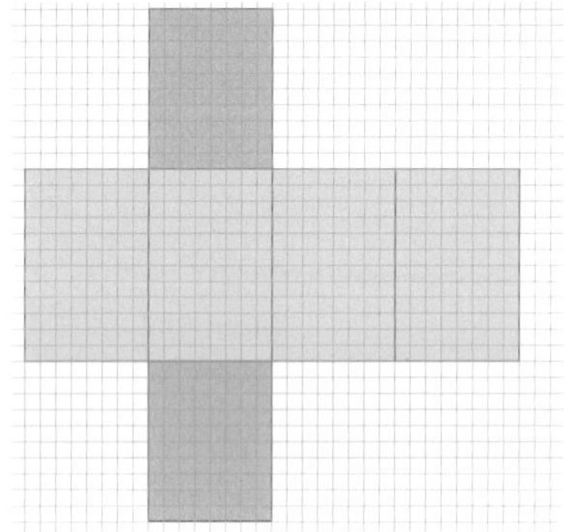

Seite 153 | Aufgabe 5

Beispiel: Es ist ein Würfel (Kantenlänge 4 cm)

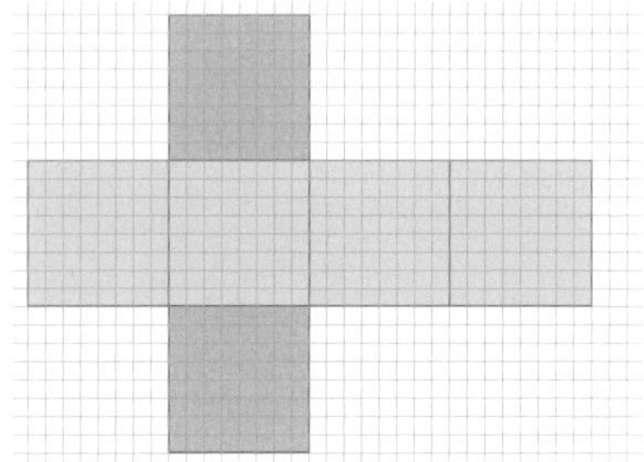

Seite 153 | Aufgabe 6

a) Beispiel:

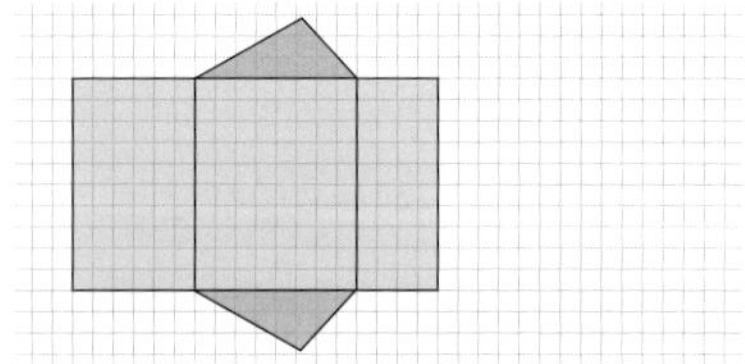

b) Beispiel:

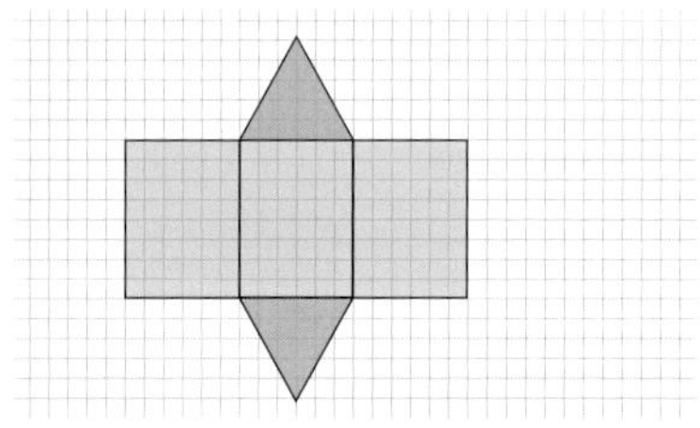

Seite 153 | Aufgabe 7

Beispiel:

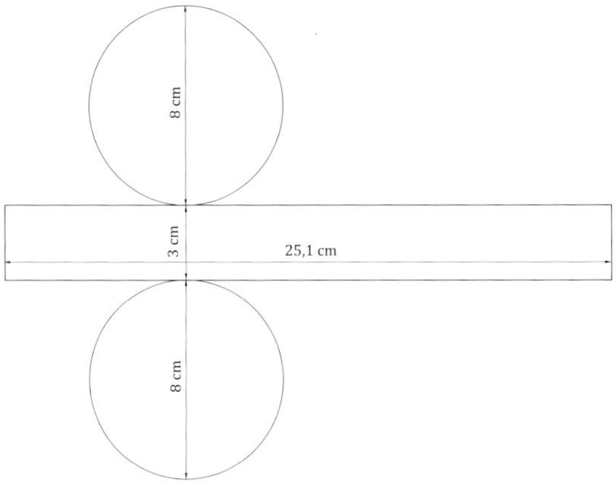

Seite 153 | Aufgabe 8

Beispiel:

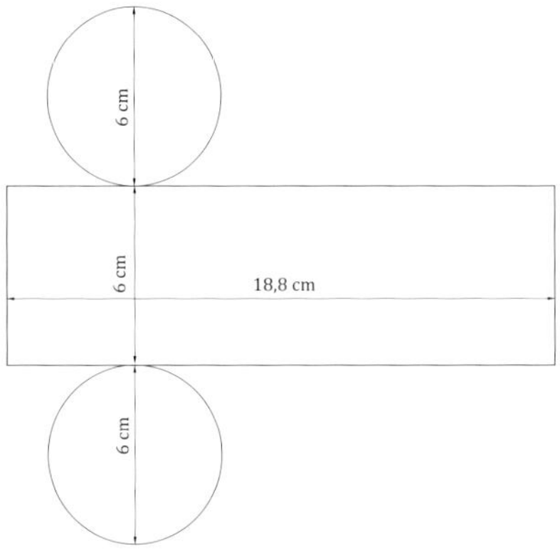

Seite 154 | Aufgabe 9

a) Beispiel:

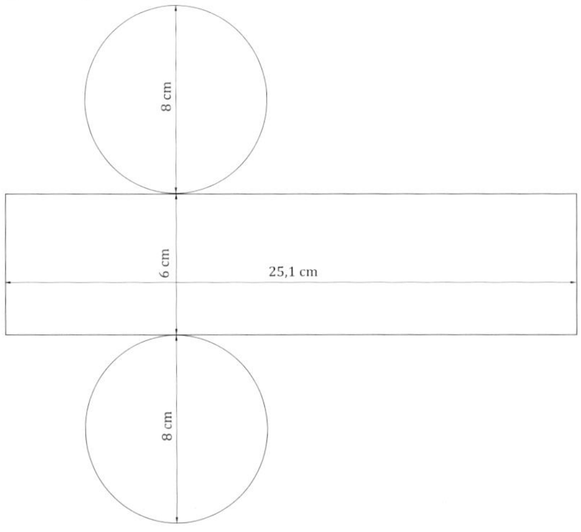

b) Beispiel:

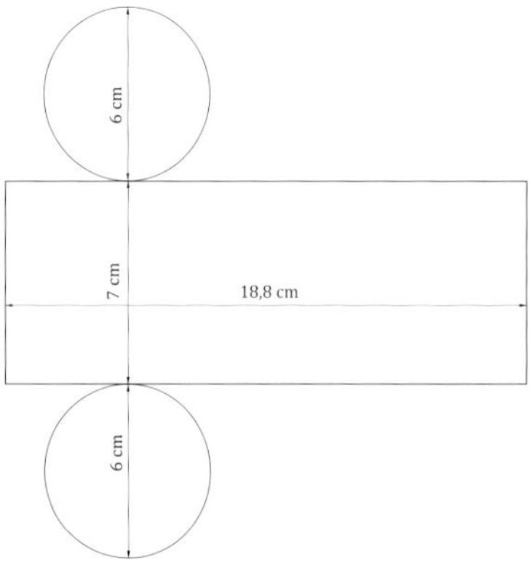

Seite 155 | Aufgabe 10

a) Beispiel:

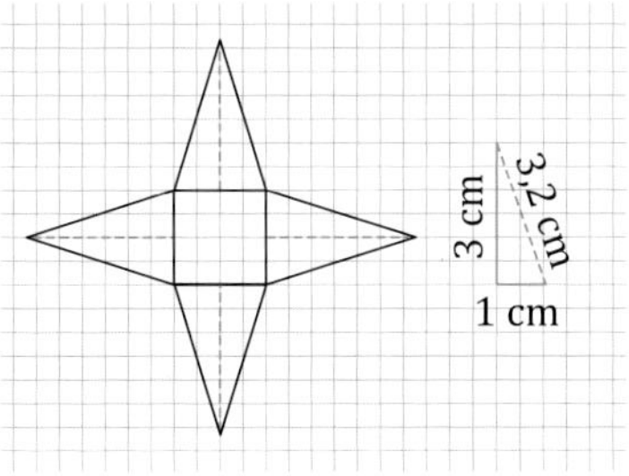

b) Beispiel:

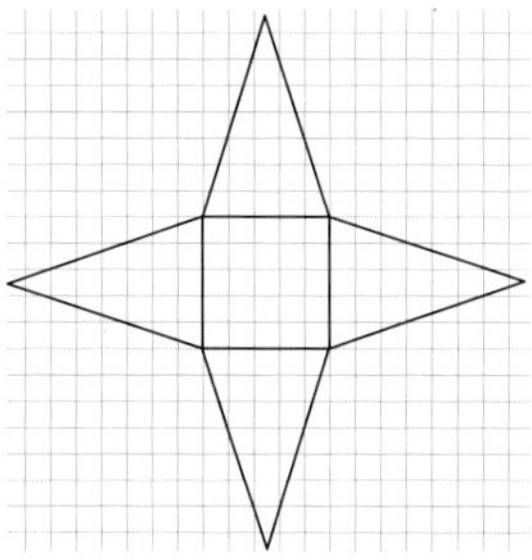

c) Beispiel:

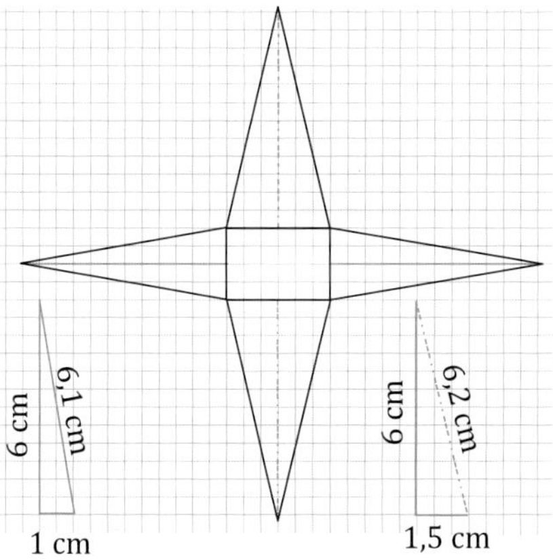

Seite 155 | Aufgabe 11

a)

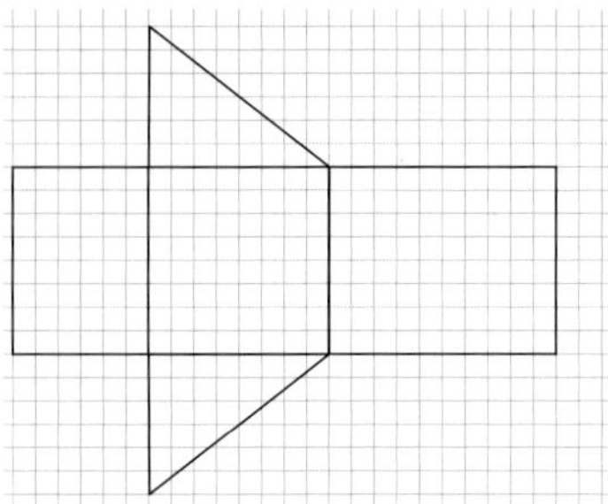

b)

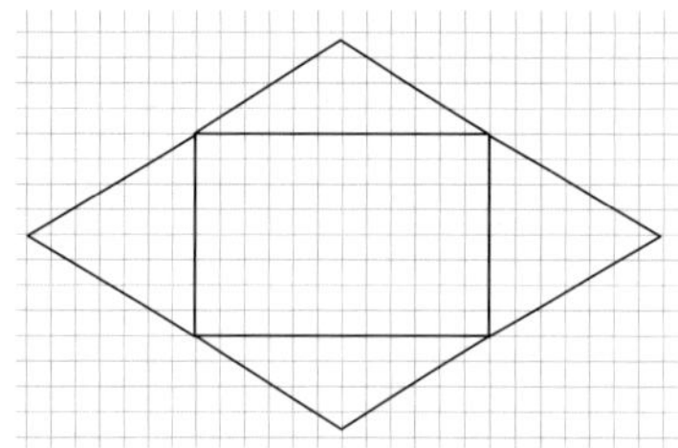

c) Maßstab 1 : 2

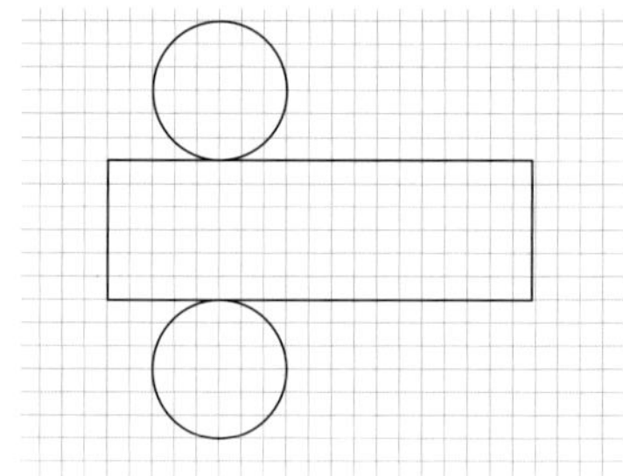

Seite 155 | Aufgabe 12

(1) Nein (2) Ja (3) Nein (4) Nein (5) Ja (6) Nein

Seite 155 | Aufgabe 13

a) Es kann kein Netz eines Prismas sein, weil die Seitenlängen der Fläche 2 zu groß ist.
b) Es kann kein Netz eines Prismas sein, weil die Seitenlängen der Fläche 5 zu groß ist.
c) Es ist ein Prismennetz. (Flächen 1 und 3 sind Grund-und Deckfläche; Flächen 4, 2 und 5 bilden die Mantelfläche)
Wenn die Fläche 3 Grundfläche ist, können die Flächen 2 und 4 nach oben geklappt werden.
Dann wird die Deckfläche 1 und zum Schluss die Fläche 5 umgeklappt.
d) Es ist ein Prismennetz. (Flächen 2 und 4 sind Grund-und Deckfläche; Flächen 1, 3 und 5 bilden die Mantelfläche)
Wenn die Fläche 2 die Grundfläche ist, können die Flächen 1 und 3 nach oben geklappt werden.
Dann wird die Deckfläche 4 und zum Schluss die Fläche 5 umgeklappt.

Seite 156 | Aufgabe 14

a) Individuelle Lösung
Beispiel:

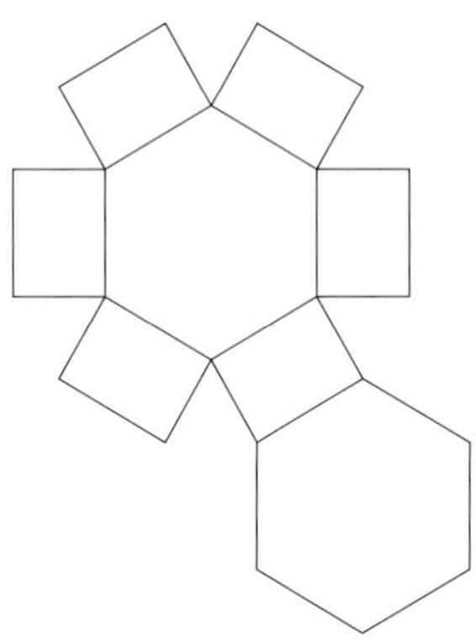

b) Individuelle Lösung
Beispiel:

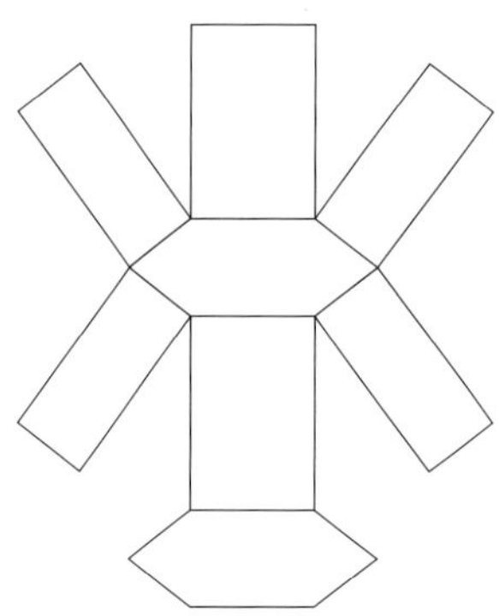

c) Individuelle Lösung
Beispiel:

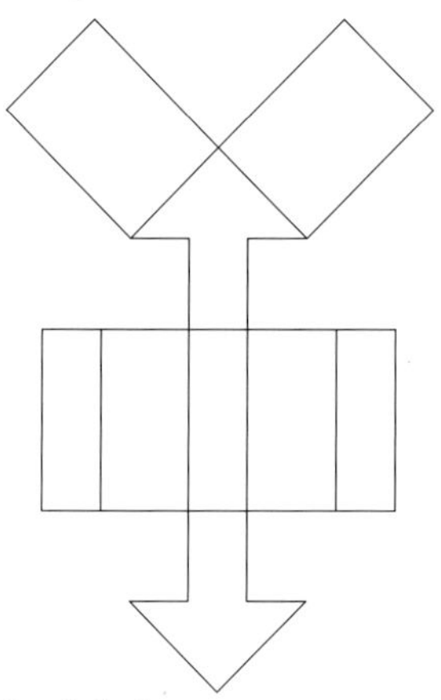

Seite 156 | Aufgabe 15

a)

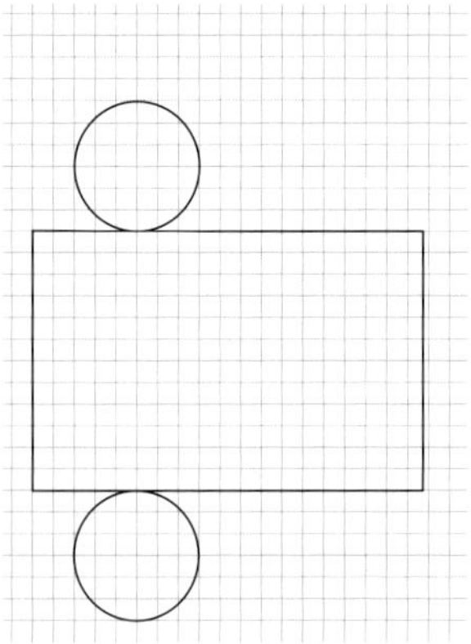

b)

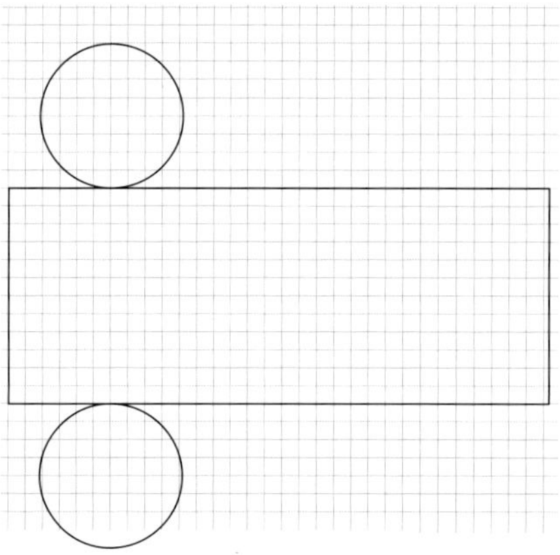

c) Maßstab 1 : 2

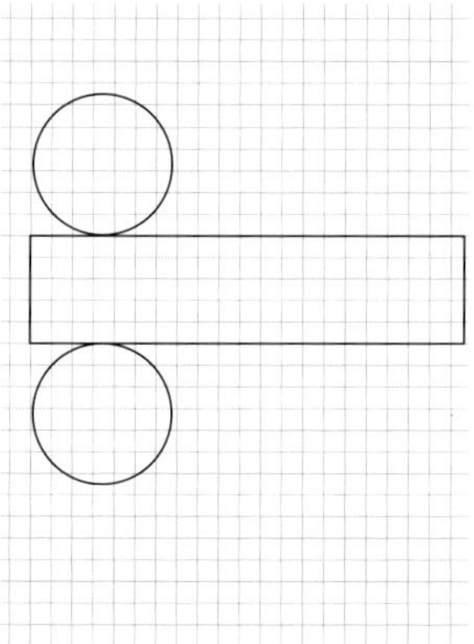

Seite 156 | Aufgabe 16

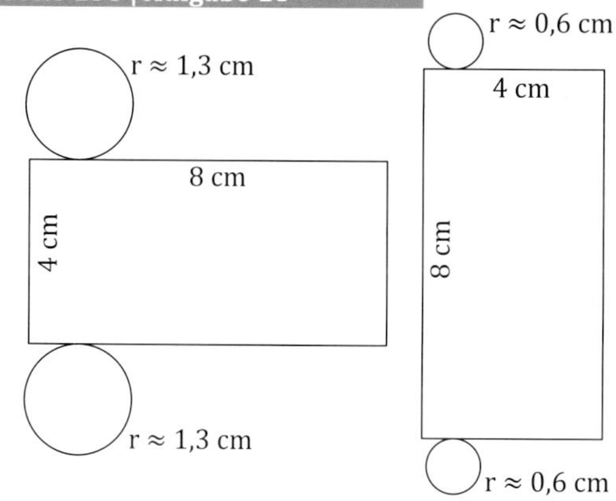

Seite 156 | Aufgabe 17

(1) Ja (2) Nein (3) Ja (4) Nein (5) Ja

Seite 156 | Aufgabe 18

Individuelle Lösung; Beispiel:

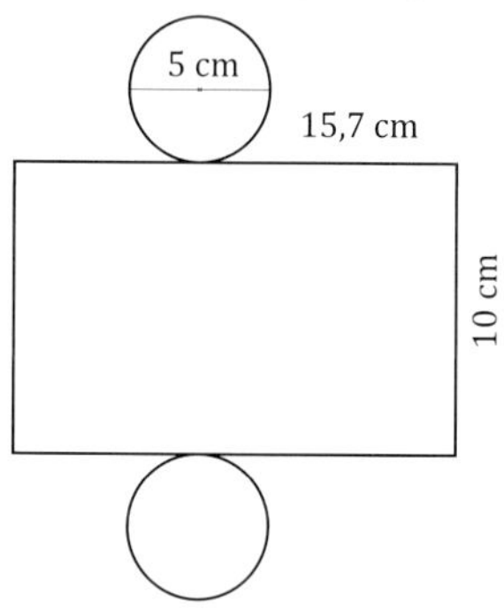

Seite 156 | Aufgabe 19

Individuelle Lösung; Beispiel:

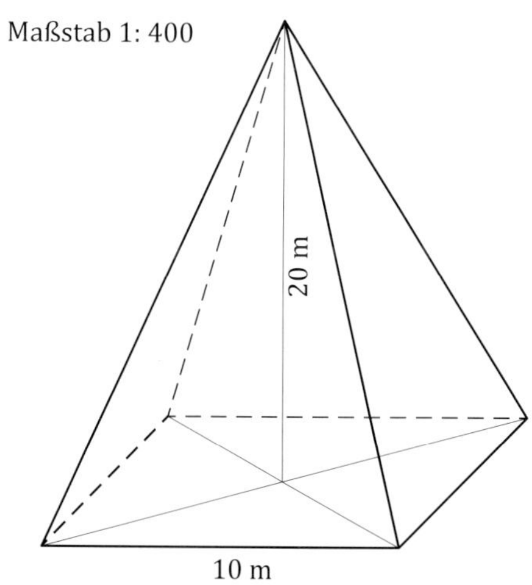

Seite 156 | Aufgabe 20

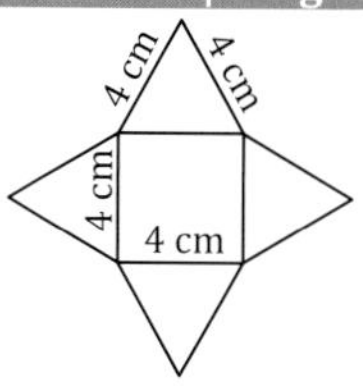

Seite 156 | Aufgabe 21

a) Der Körper ist ein Tetraeder (gerade Pyramide mit gleichseitigem Dreieck als Grundfläche und gleich langen Körperkanten).
b) Individuelle Lösung
c) Es gibt keine weiteren Netzformen für diesen Körper.

Seite 156 | Aufgabe 22

Individuelle Lösung; Beispiel:

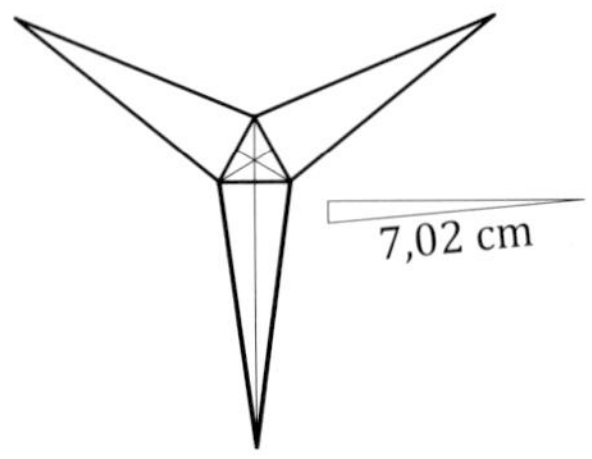

Seite 156 | Aufgabe 23

Individuelle Lösung (Ein Körper wird als Rotationskörper bezeichnet, wenn seine Oberfläche durch Rotation einer Kurve um eine Rotationsachse gebildet werden kann. Kurve und Rotationsachse liegen dabei in einer gemeinsamen Ebene.
Bekannte Rotationskörper sind, Kugeln (durch Rotation eines Kreises oder Halbkreises gebildet), Kreiskegel (durch Rotation eines rechtwinkligen Dreiecks gebildet), Kreiszylinder (durch Rotation eines Rechtecks gebildet).

6.3 Schrägbilder von Körpern zeichnen

Seite 157 | Einstieg

Der linke und der mittlere Körper in der ersten Reihe stellen einen Würfel am anschaulichsten dar. Beim mittleren Körper sind die nicht sichtbaren Körperkanten besonders gekennzeichnet. Die anderen Körper erscheinen verzerrt oder erwecken den Eindruck, dass kein Körper (sondern eine Fläche) dargestellt wird.

Seite 158 | Aufgabe 1

Individuelle Lösung; Beispiele

a)

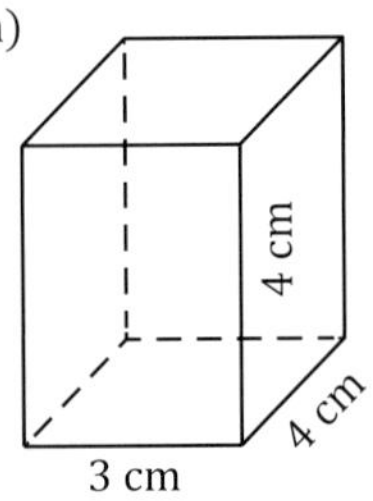

b)

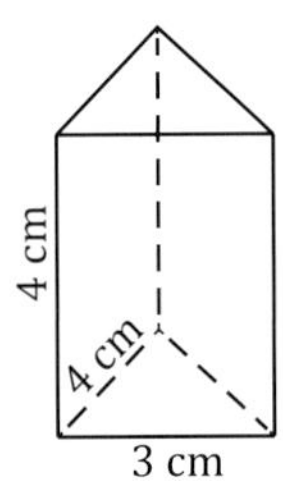

c)

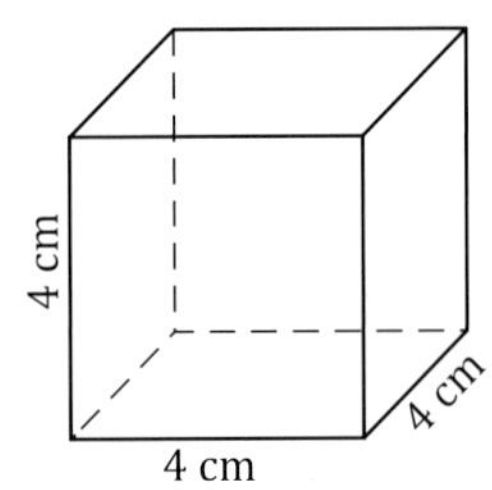

d)

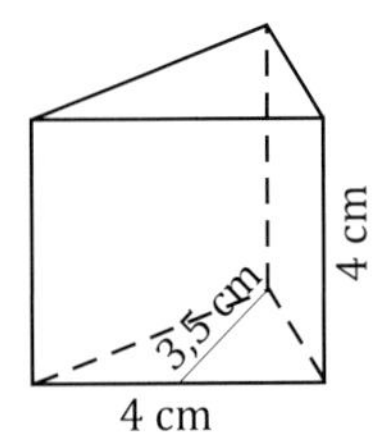

Die Körper können auch liegend dargestellt werden.

Seite 158 | Aufgabe 2

Maßstab 1 : 2

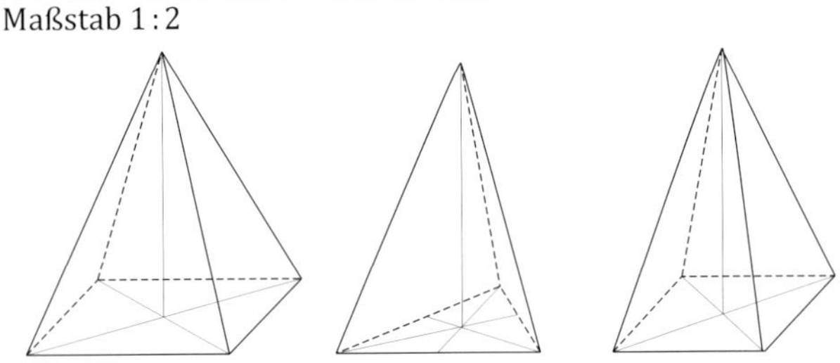

Seite 158 | Aufgabe 3

Maßstab 1 : 2

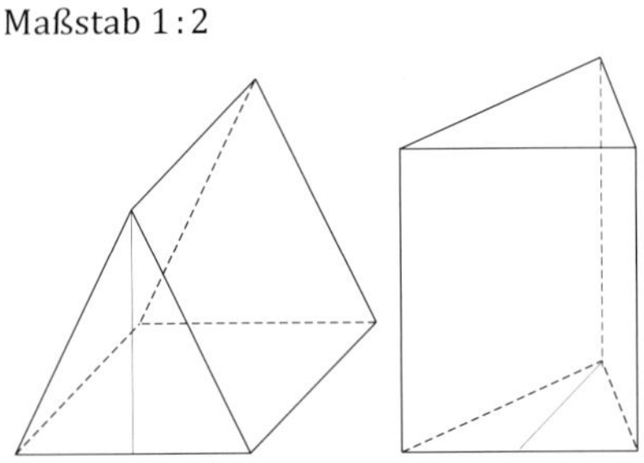

Seite 158 | Aufgabe 4

(1)
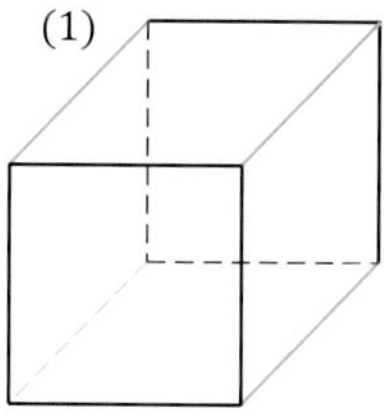
(2)
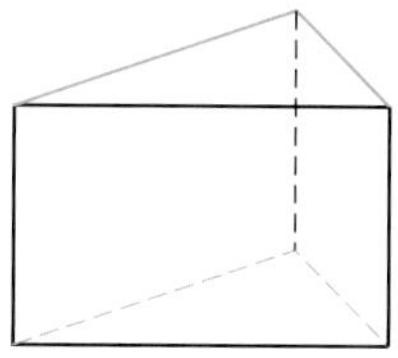
(3)
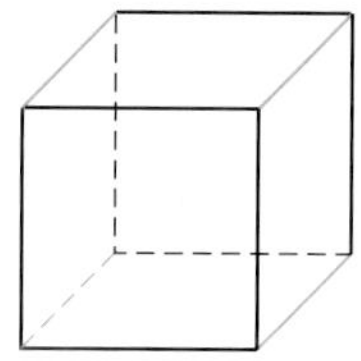
(4)
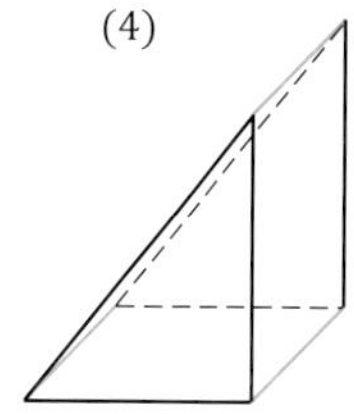

Seite 159 | Aufgabe 5

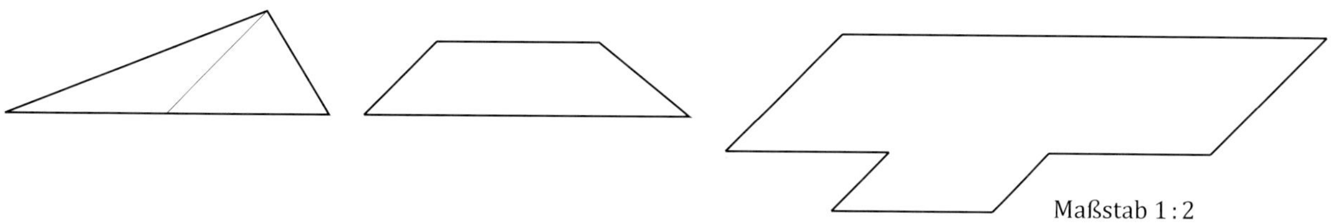

Maßstab 1 : 2

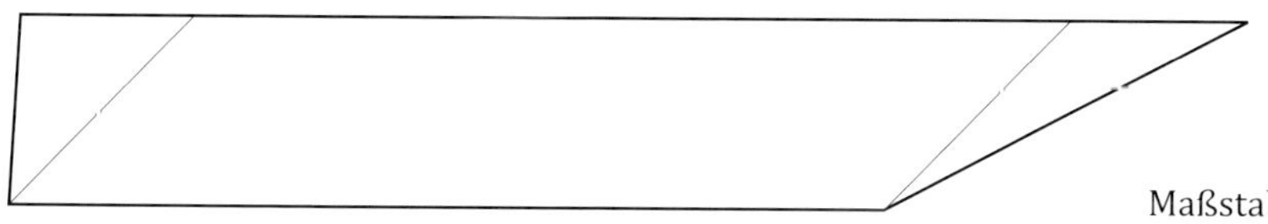

Maßstab 1 : 2

Seite 159 | Aufgabe 6

a) Rechtechteck (a = 3 cm; b ≈ 4,3 cm)
b) Dreieck (a = 3 cm; b ≈ 3,6 cm; c ≈ 3,6 cm)
c) Dreieck (a = 3 cm; b ≈ 3 cm; c ≈ 3 cm)
d) Fünfeck (a = b = c = d = e = 2 cm)

Seite 159 | Aufgabe 7

Maßstab 1 : 2

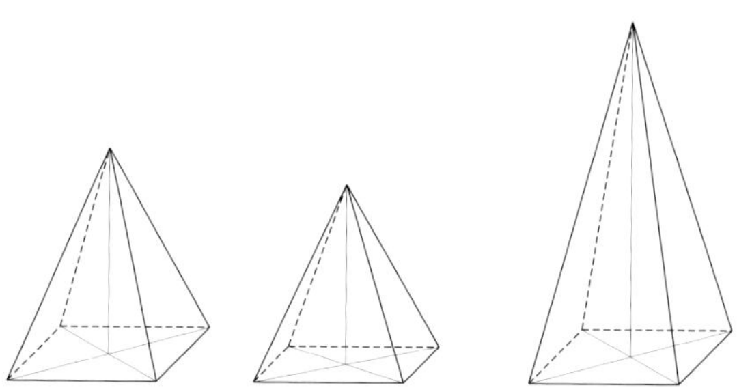

Seite 159 | Aufgabe 8

a)
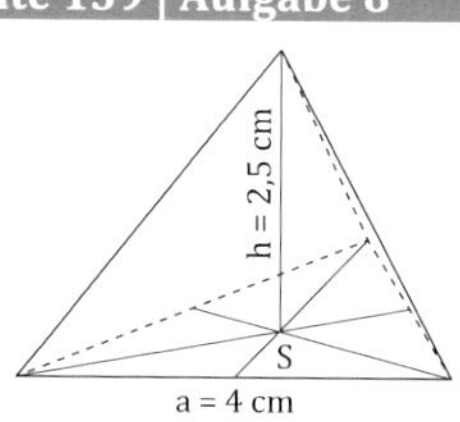

b) Dominik hat die Höhe der Grundfläche im Schrägbild nicht ordentlich übertragen (1 Kästchendiagonale entspricht einem Zentimeter). Außerdem wurde die korrekte Höhe der Pyramide ignoriert.

Seite 159 | Aufgabe 9

a)
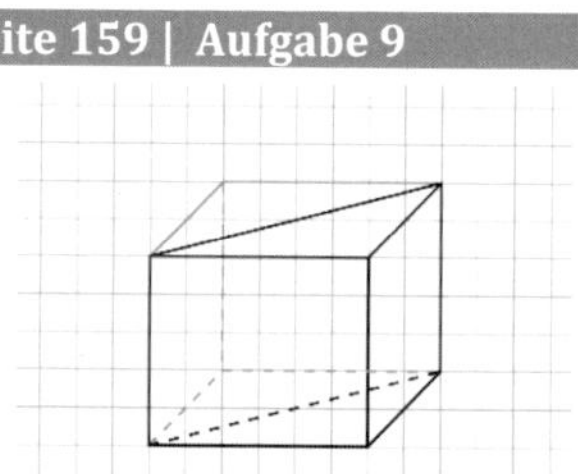
b)
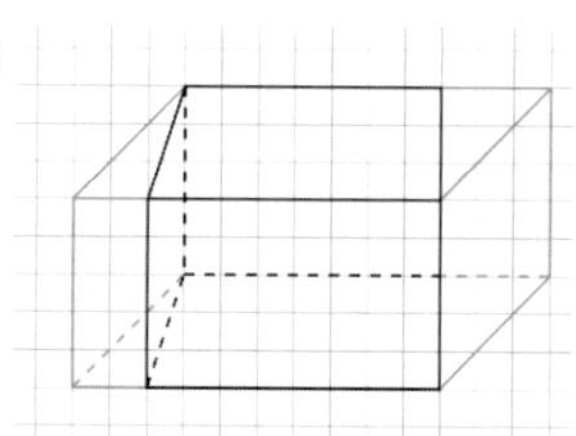
c)
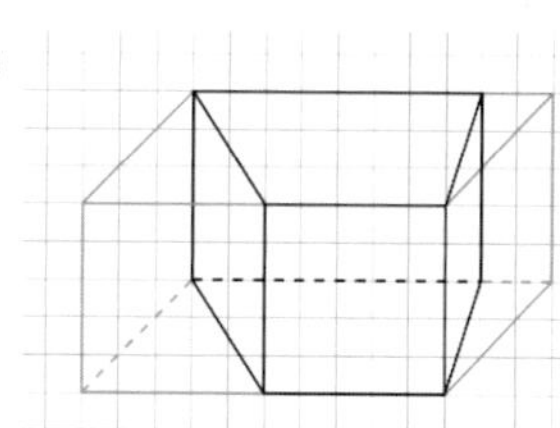

Seite 159 | Aufgabe 10

a) Körper in Zentralprojektion werden (im Gegensatz zur Darstellung in Parallelprojektion, bei der man zueinander parallele Strahlen zur Projektion auf eine Ebene verwendet) mithilfe von Strahlen durch einen festen Punkt (den Augpunkt) gezeichnet. Während bei einer Parallelprojektion die Bilder zueinander paralleler Geraden auch parallel sind, werden bei der Zentralprojektion parallele Geraden, die nicht parallel zur Bildtafel verlaufen, auf Geraden abgebildet, die sich in einem Punkt, dem Fluchtpunkt, schneiden.

b)

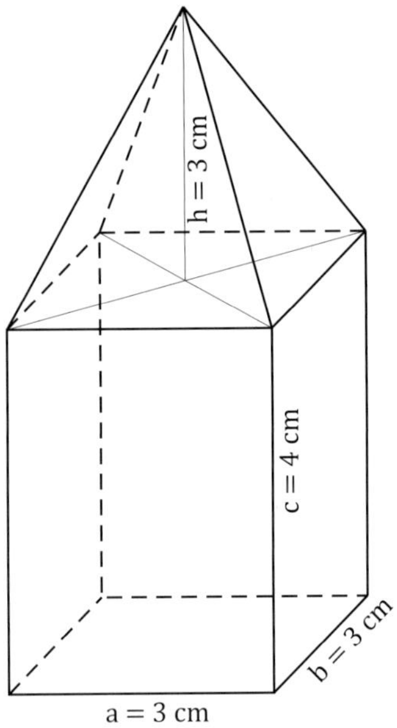

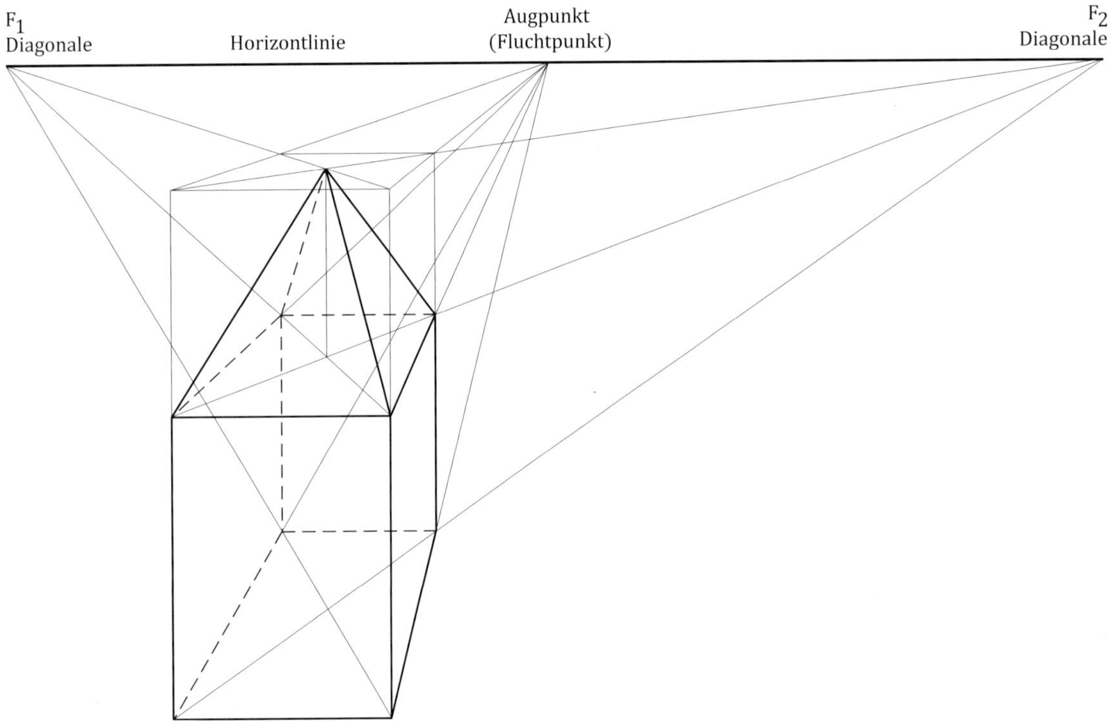

6.4 Zweitafelbilder von Körpern zeichnen

Seite 160 | Einstieg

Es könnte ein Würfel, ein liegendes dreiseitiges Prisma (halbierter Würfel) oder ein liegender Kreiszylinder sein.

Seite 161 | Aufgabe 1

Maßstab 1 : 2

Seite 161 | Aufgabe 2

Maßstab 1 : 2

Seite 161 | Aufgabe 3

Maßstab 1 : 2

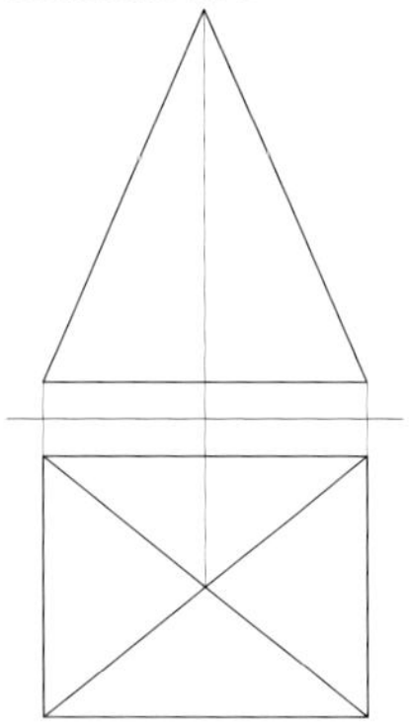

Seite 161 | Aufgabe 4

Maßstab 1 : 2

a)

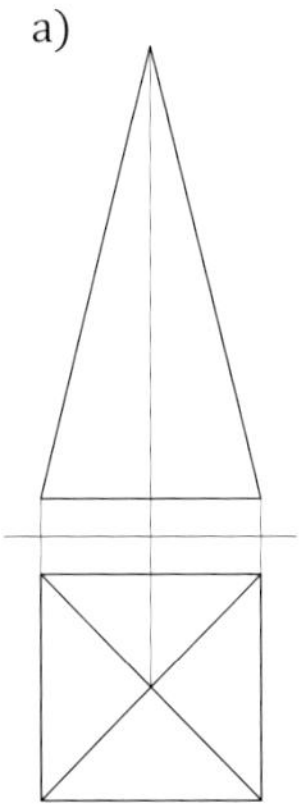

b)

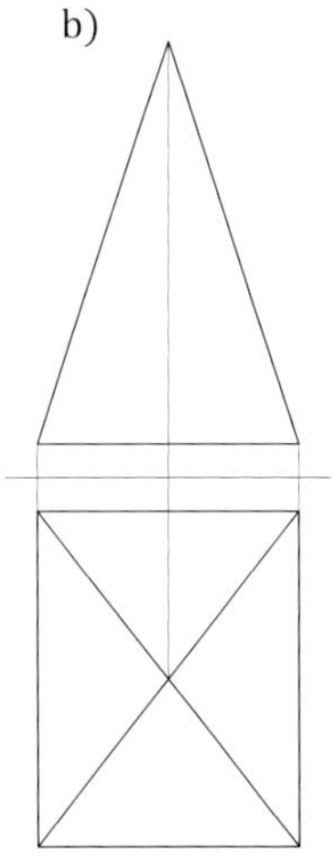

Seite 161 | Aufgabe 5

Maßstab 1 : 2

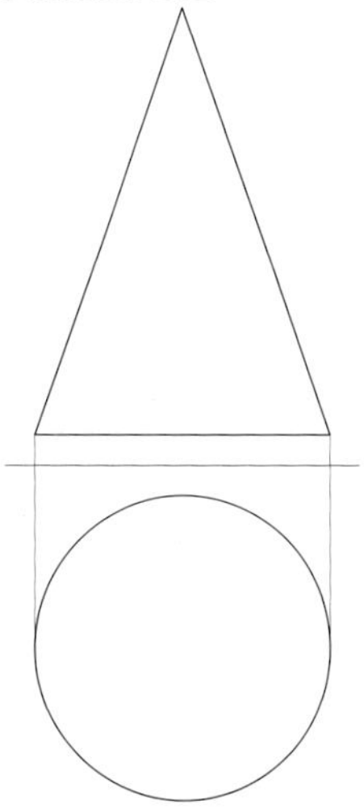

Seite 161 | Aufgabe 6

Maßstab 1 : 2

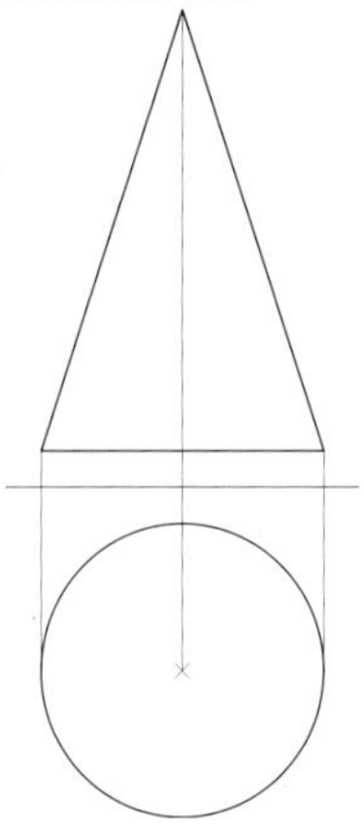

Seite 162 | Aufgabe 7

(1)

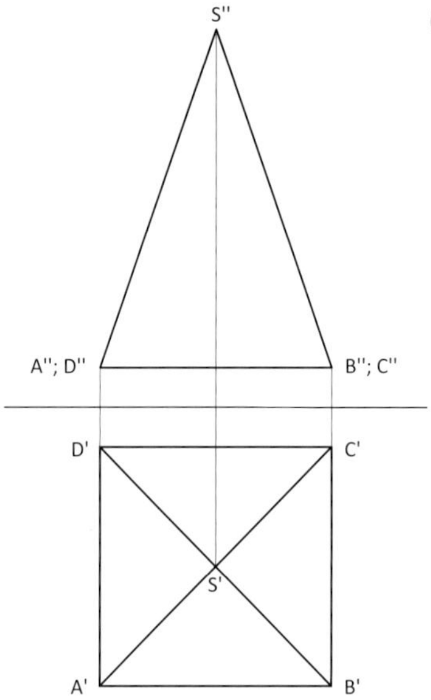

(2)

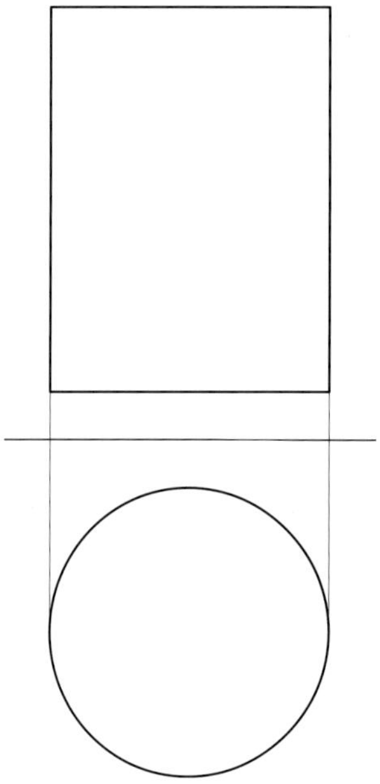

(3)

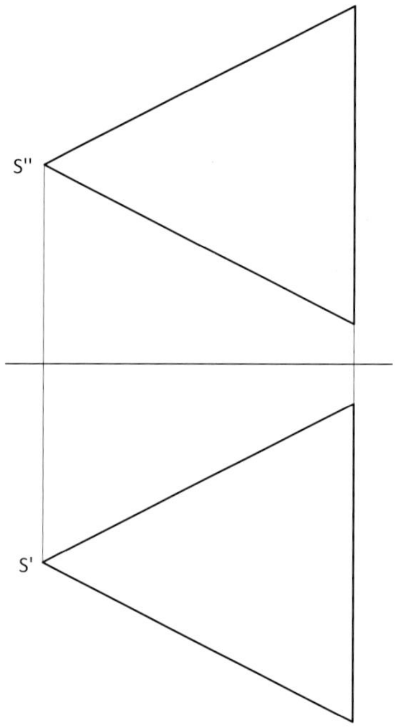

Seite 162 | Aufgabe 8

a) (1) Würfel, Quader, Prisma, Zylinder
(2) Quader, Prisma; Zylinder
(3) Pyramide
(4) Kegel
(5) Pyramide
(6) Prisma
(7) Kugel, Zylinder
(8) Prisma, Pyramide, Kegel

b) (1) Beim Würfel ist der zugehörende Aufriss ein Quadrat, beim Quader ein Rechteck, beim Prisma ein Rechteck, beim Zylinder ein Quadrat.
(2) Beim Quader ist der zugehörende Aufriss ein Rechteck, beim Prisma ein Rechteck, beim Zylinder ein Quadrat.
(3) Der zugehörende Aufriss ist ein Dreieck.
(4) Der zugehörende Aufriss ist ein Dreieck.
(5) Der zugehörende Aufriss ist ein Dreieck, das in drei Teile aufgeteilt ist.
(6) Der zugehörende Aufriss ist ein Rechteck, das in drei Teile aufgeteilt ist.
(7) Bei der Kugel ist der zugehörende Aufriss ein Kreis, beim Zylinder ein Rechteck.
(8) Beim Prisma ist der zugehörende Aufriss ein Rechteck, bei der Pyramide ein Dreieck und beim Kegel ein Dreieck.

Seite 162 | Aufgabe 9

(1)

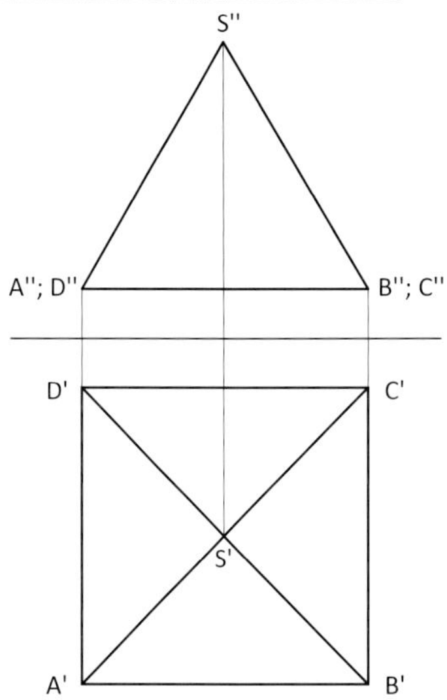

(2)

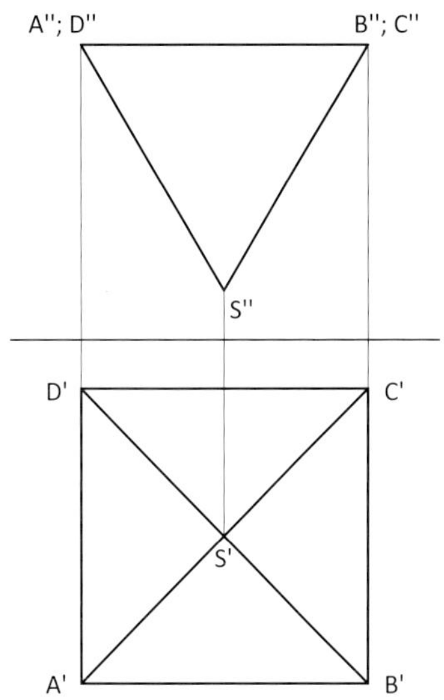

(3)

Seite 162 | Aufgabe 10

(1) stehender Zylinder (2) liegender Zylinder (3) liegender Zylinder (4) kein Zylinder (Kugel)

Seite 162 | Aufgabe 11

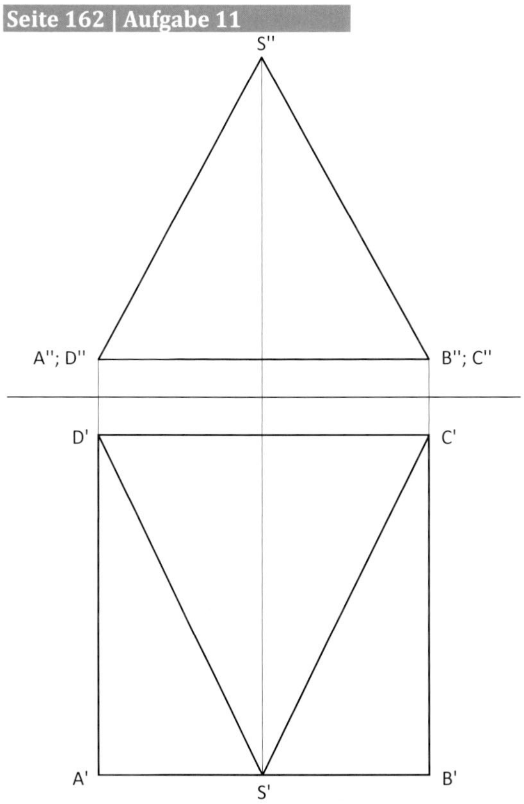

Seite 162 | Aufgabe 12

(1)

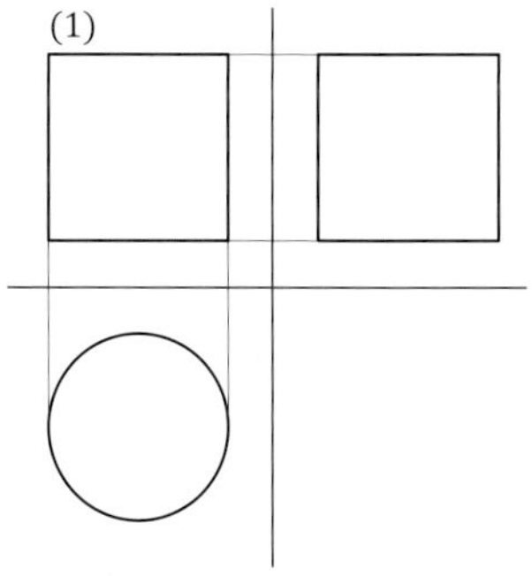

(2)

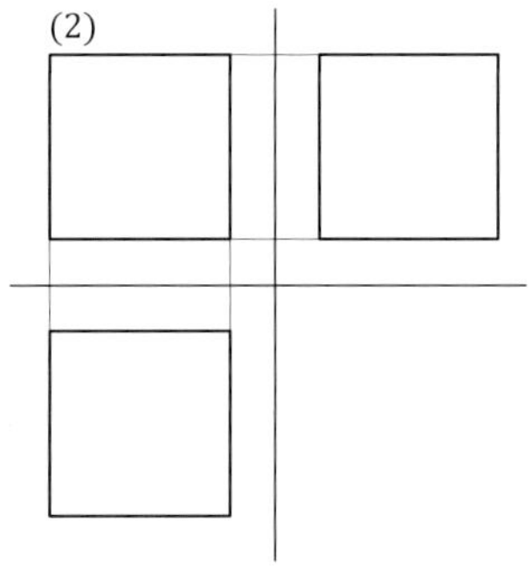

(3)

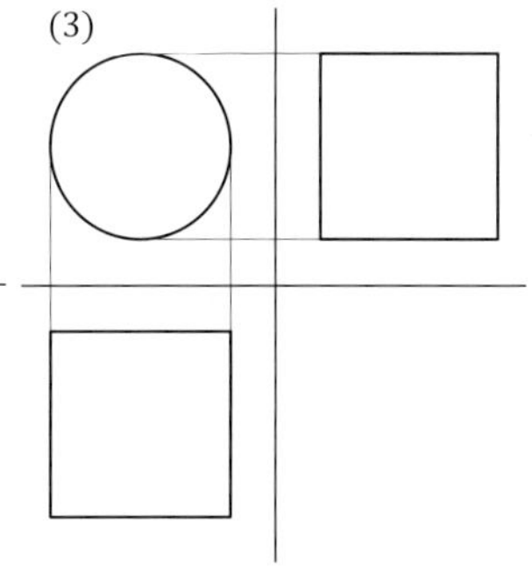

(4)

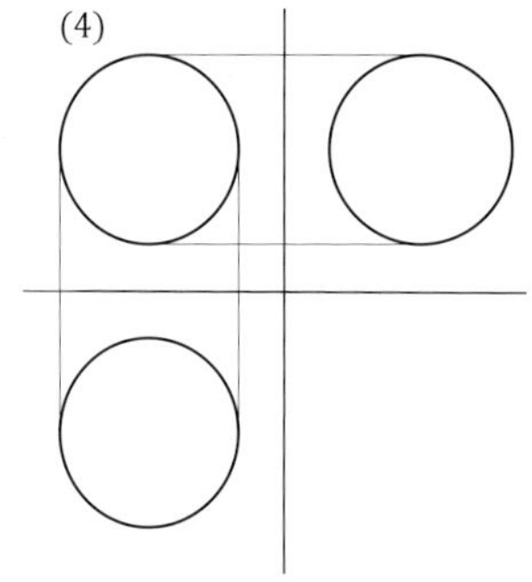

6.5 Zusammengesetzte Körper darstellen

Seite 163 | Einstieg

Es sind erkennbar:
- Quader (Hauptteil des Gebäudes, Turm ohne Dachabschnitt),
- Prisma (Dachabschnitt des Gebäudes),
- Pyramide (Dachabschnitt des Turms).

Seite 163 | Aufgabe 1

Zweitafelbilder im Maßstab 1 : 4

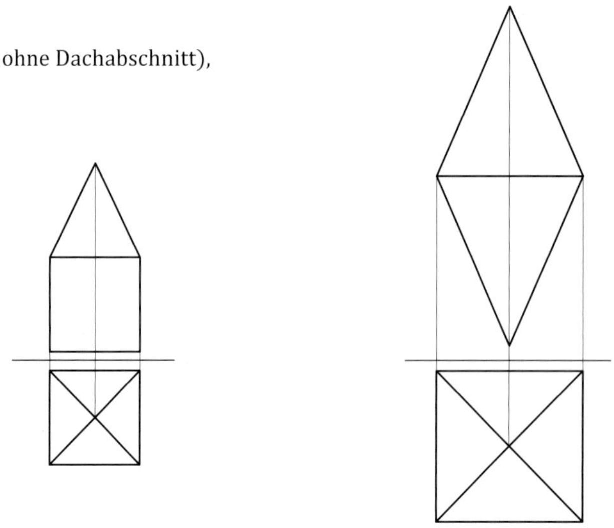

Körpernetze im Maßstab 1 : 4

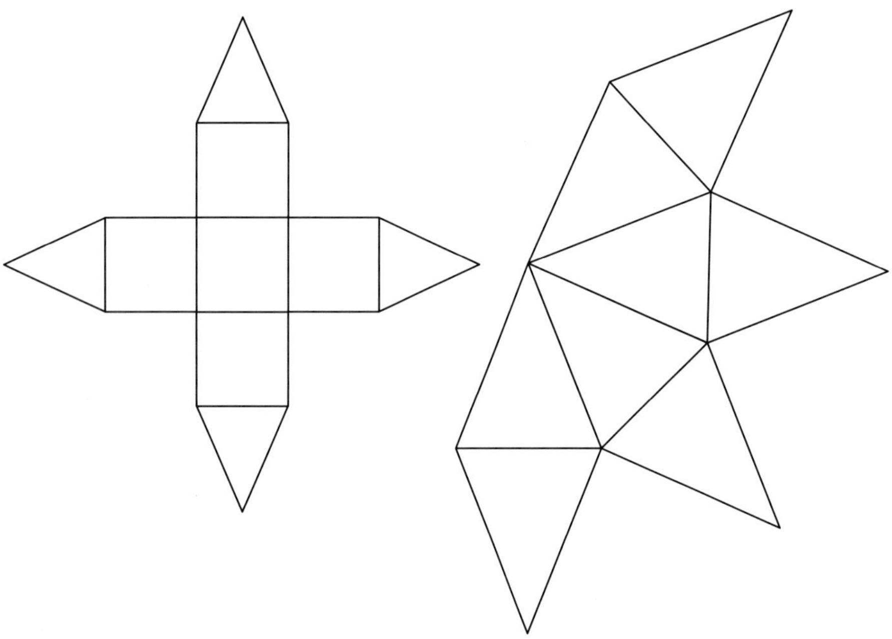

Seite 164 | Aufgabe 2

Maßstab 1 : 4

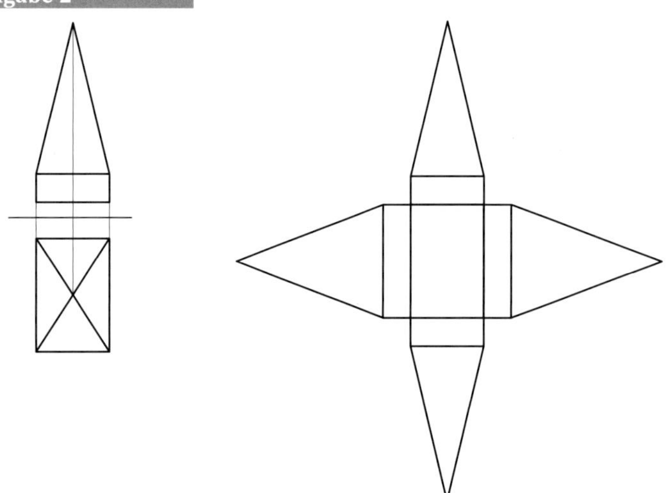

Seite 164 | Aufgabe 3

Individuelle Lösung

Seite 164 | Aufgabe 4

Bild (Links): Flächen (Dreieck, Rechteck, Kreis, Trapez); Körper (Pyramide, abgeschnittene Pyramide, Prisma)
Bild (Mitte): Flächen (Dreieck, Rechteck, Trapez); Körper (Pyramide, Halbkugel, Prisma, Kreiskegel)
Bild (Rechts): Flächen (Kreis, Rechteck, Trapez); Körper (Kreiskegel , Halbkugel, Prisma, Pyramide)

Seite 164 | Aufgabe 5

a) (1) 19 Einheitswürfel (2) 38 Einheitswürfel (3) 27 Einheitswürfel

b) Vorderansicht

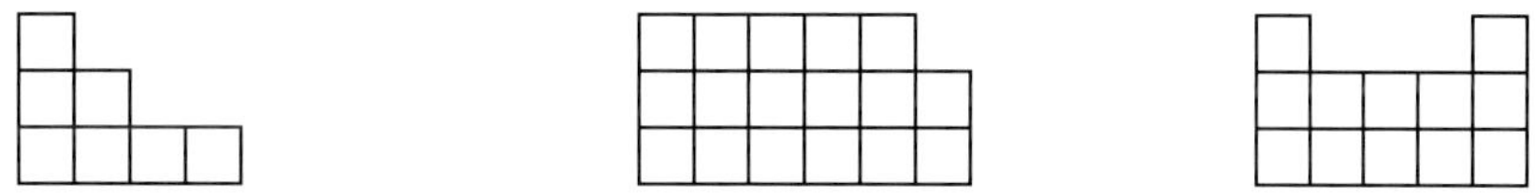

Draufsicht

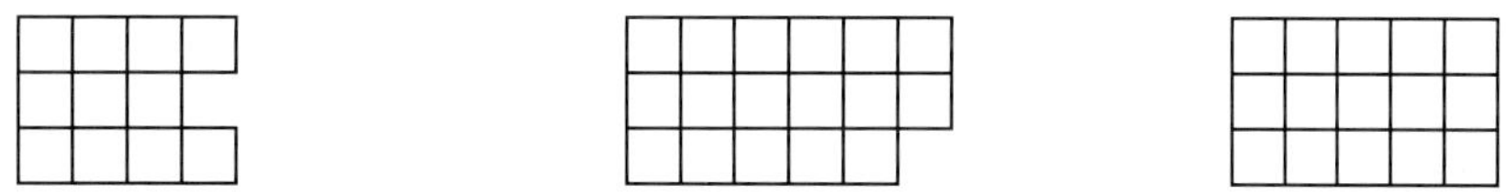

Seitenansicht

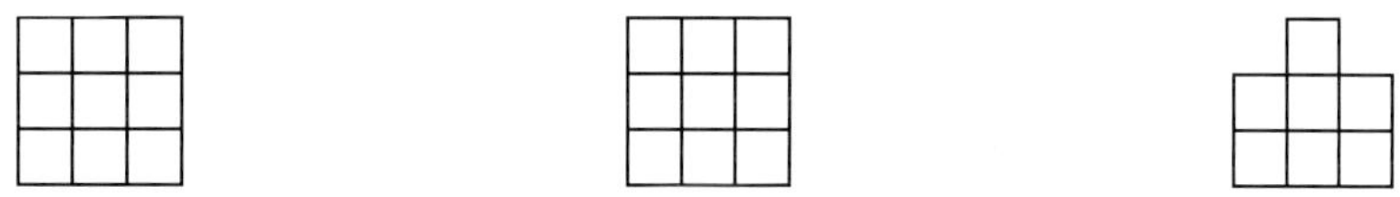

c) Beispiel:

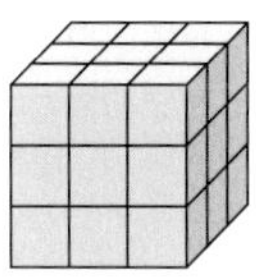

Seite 164 | Aufgabe 6

Der Körper ist ein Oktaeder, der aus acht zueinander kongruenten Begrenzungsflächen (gleichseitige Dreiecke) besteht. Er kann als Doppelpyramide (mit quadratischer Grundfläche) aufgefasst werden. Alle zwölf Körperkanten sind bei diesem Körper gleich lang. Er hat sechs Ecken, in denen jeweils vier Flächen zusammentreffen

Seite 164 | Aufgabe 7

a)

Aufriss

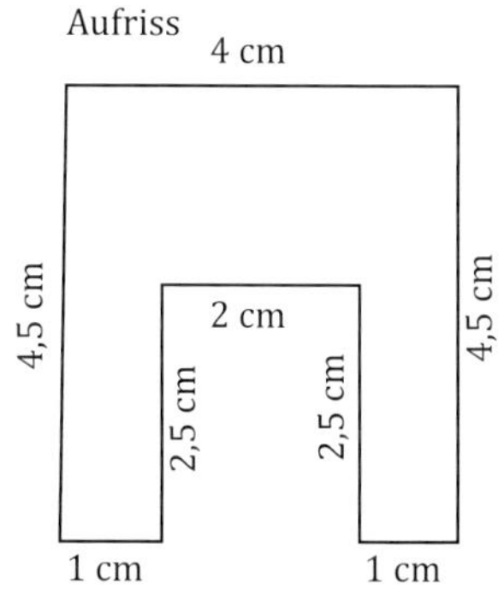

Grundriss

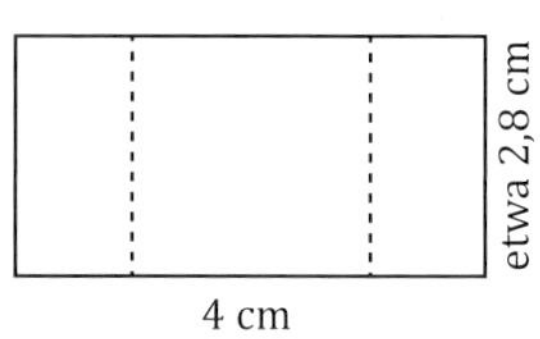

b)

Aufriss

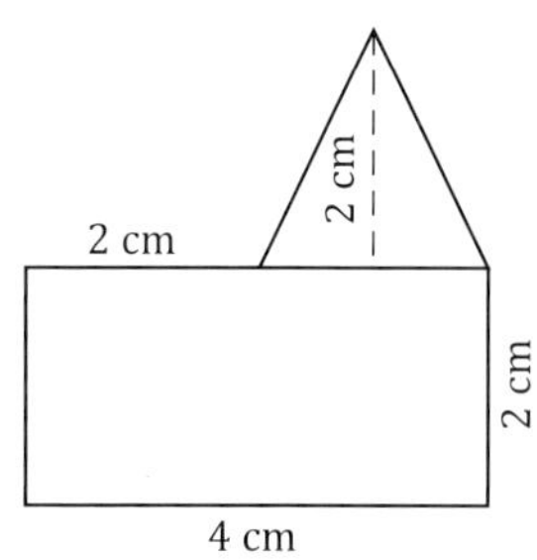

Grundriss

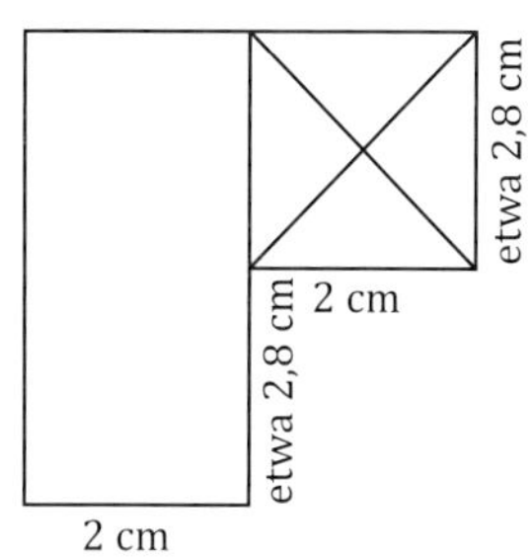

Seite 165 | Aufgabe 8

Maßstab 1 : 2

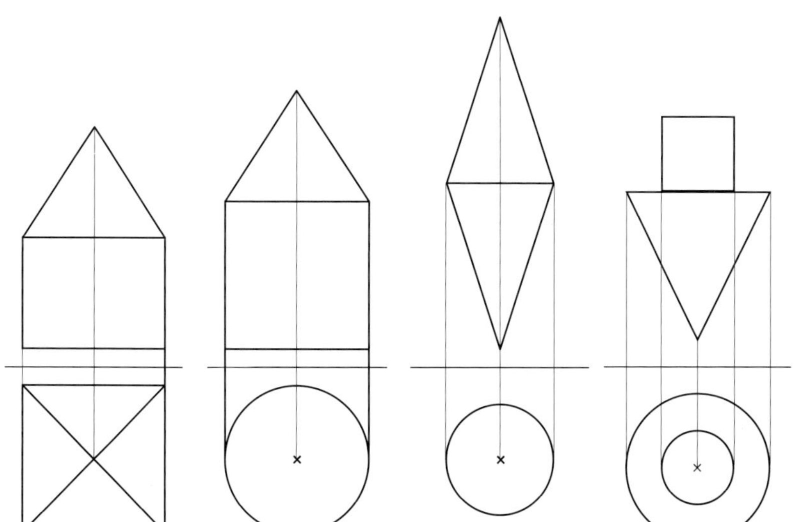

Seite 165 | Aufgabe 9

Es könnte der Aufriss oder der Grundriss einer Kugel oder eines stehenden Kreiszylinders sein. Es wäre auch der Aufriss oder der Grundriss eines liegenden Kreiskegels möglich, wenn dessen Spitze noch eingezeichnet wird.

Seite 165 | Aufgabe 10

Castel del Monte ist ein Bauwerk im Südosten Italiens.
Der Grundriss hat die Form eines regelmäßigen Achtecks, an dessen Ecken Türme angeordnet sind, dessen Grundrisse ebenfalls regelmäßige Achtecke sind.
Das Hauptachteck ist 25 m hoch, die Türme 26 m.
Die Länge der Seiten des Hauptachtecks beträgt 16,50 m die der Türme je 3,10 m.

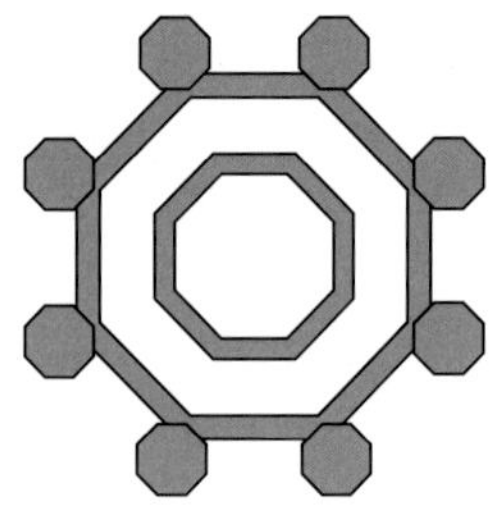

Seite 165 | Aufgabe 11

a) Individuelle Lösung
b) Das Volumen der Körper bleibt immer gleich, der Oberflächeninhalt kann sich ändern.

Seite 165 | Aufgabe 12

a) Es ist ein liegender Zylinder, eine stehende Pyramide oder ein stehender Kegel, eine Kugel und ein Quader.
b) Beispiellösung:

von rechts

von links

von hinten

Seite 165 | Aufgabe 13

Das Volumen der fünfseitigen Pyramide beträgt $\frac{5}{8} = 62{,}5\ \%$ vom Gesamtkörper.

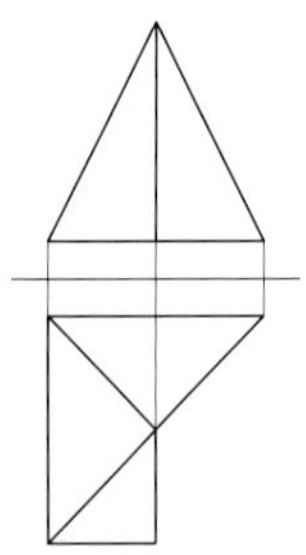

Streifzug: Zentralprojektion

Seite 167 | Aufgabe 1

a)

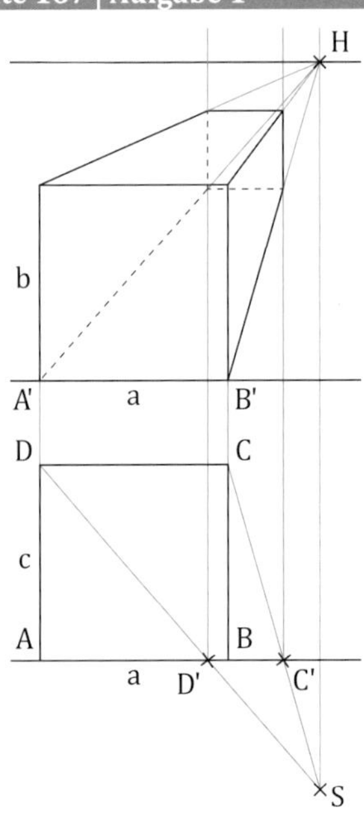

b)

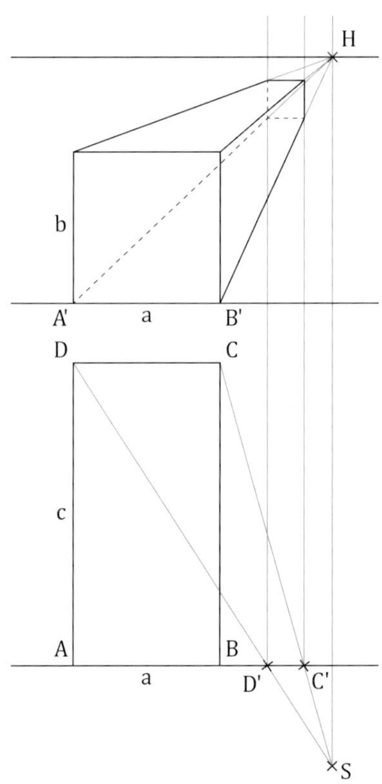

Seite 167 | Aufgabe 2

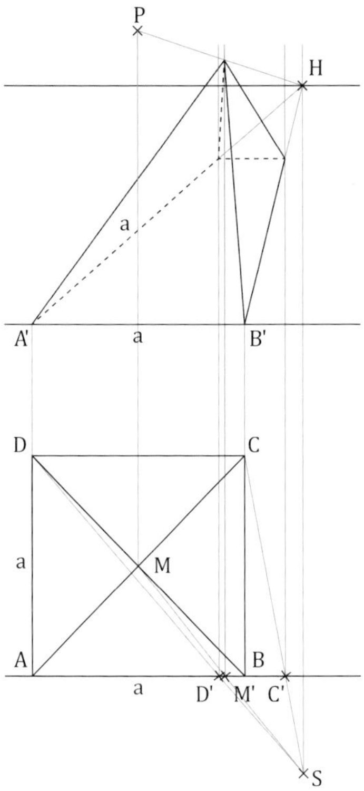

Seite 167 | Aufgabe 3

a)

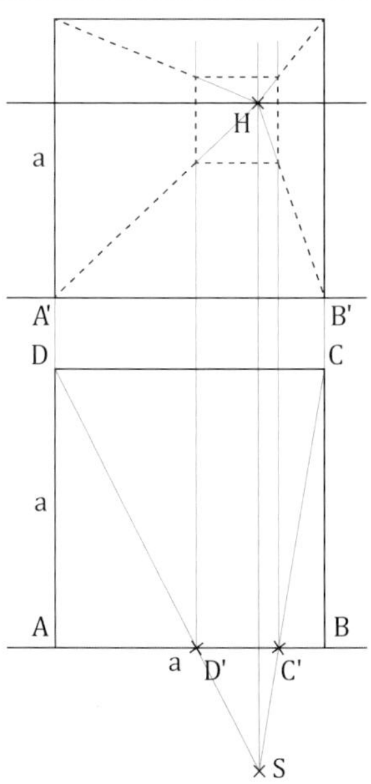

b)

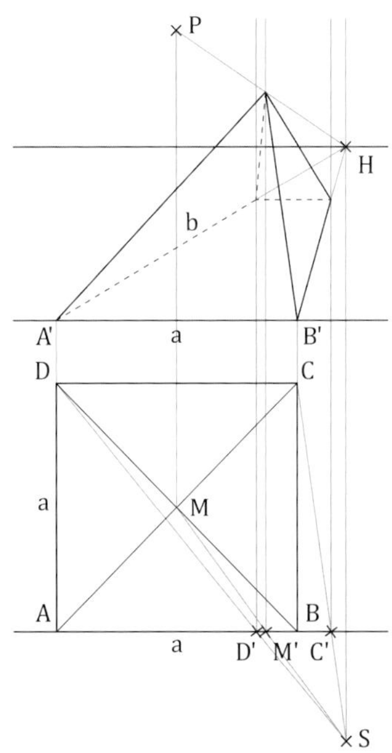

c)

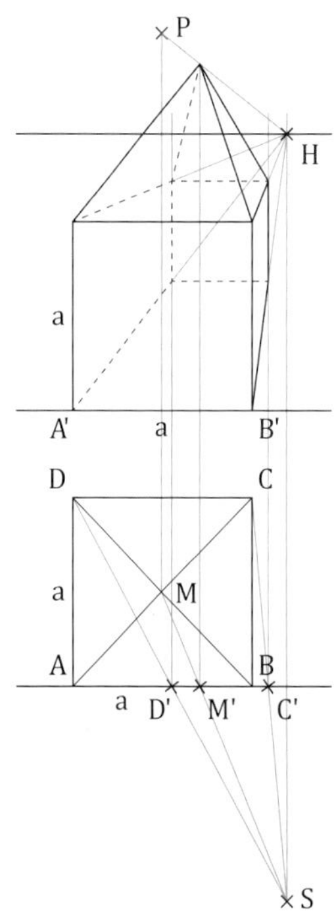

Seite 167 | Aufgabe 4

a) Bei einer Lochkamera fällt Licht durch eine kleine Öffnung (Loch) in einen lichtdichten Hohlkörper. Auf der gegenüberliegenden Fläche entsteht ein auf dem Kopf stehendes und verkleinertes Bild.

b) Individuelle Lösung

Seite 167 | Aufgabe 5

a) Die Raster-Methode wurde früher zum Zeichnen von Gegenständen genutzt. Dabei wurden in einen leeren Holzrahmen mehrere Fäden als „Raster" gespannt. Das Raster wurde im gleichen Höhen-Breiten-Verhältnis auf ein Blatt Papier (als Hilfsfigur) gezeichnet. Der Rahmen wurde so zwischen dem Zeichner und dem Gegenstand gestellt, dass der Zeichner immer durch den Rahmen blickte, während er den Gegenstand betrachtete. Der Gegenstand konnte so gut abgezeichnet werden, da man sich am Raster orientieren konnte. Es ist hilfreich, beim Betrachten des Gegenstandes durch das Raster ein Auge zu schließen. So wird das dreidimensionale Sehen verhindert.

b) Individuelle Lösung

6.6 Vermischte Aufgaben

Seite 168 | Aufgabe 1

Individuelle Lösung

Seite 168 | Aufgabe 2

(1) Prisma	(2) Prisma	(3) Prisma	(4) Prisma	(5) Prisma
(6) Prisma	(7) Prisma	(8) Prisma	(9) Prisma	(10 Kreiskegel
(11) Kugel	(12) abgeschnittene Pyramide	(13) Prisma	(14) Prisma	(15) abgeschnittene Pyramide

Es sind 11 Prismen. Prismen haben zwei zueinander kongruente und parallele Vielecke als Grund- und Deckfläche und die Mantelfläche besteht ausschließlich aus Rechtecken.

Seite 168 | Aufgabe 3

Würfelnetz | Quadernetz | Netz (quadratische Pyramide) | Netz (dreiseitiges Prisma) | Netz (Zylinder)

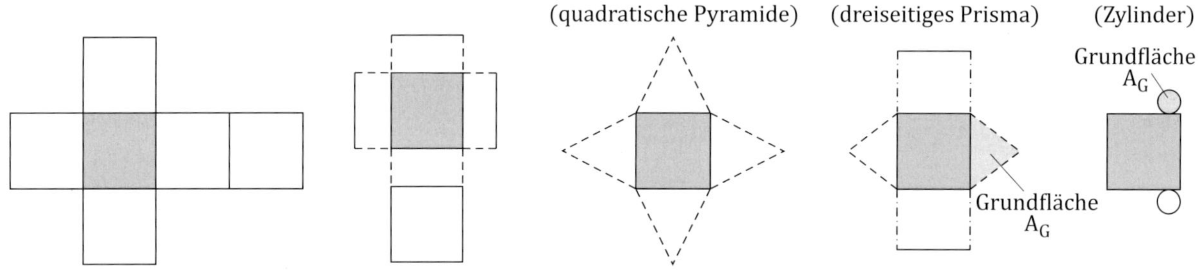

Seite 168 | Aufgabe 4

Maßstab 1 : 4

a)

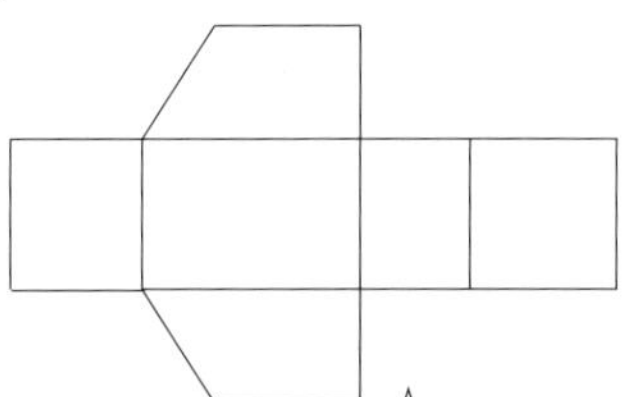

b)

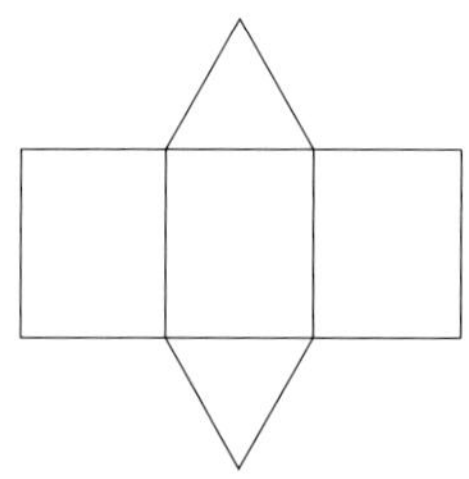

c)

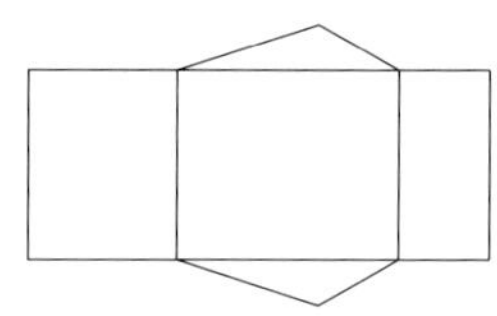

d)

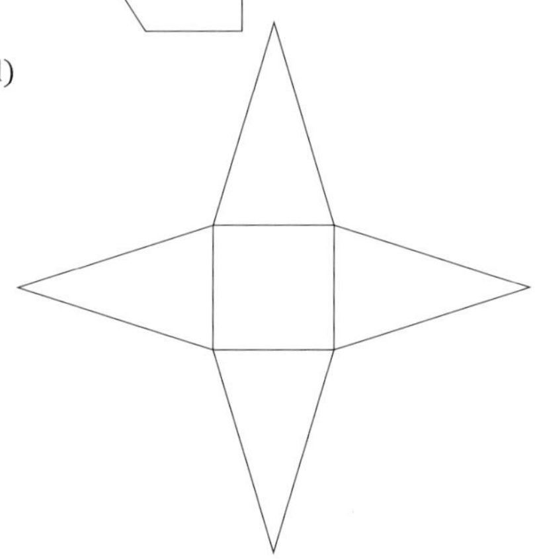

e)

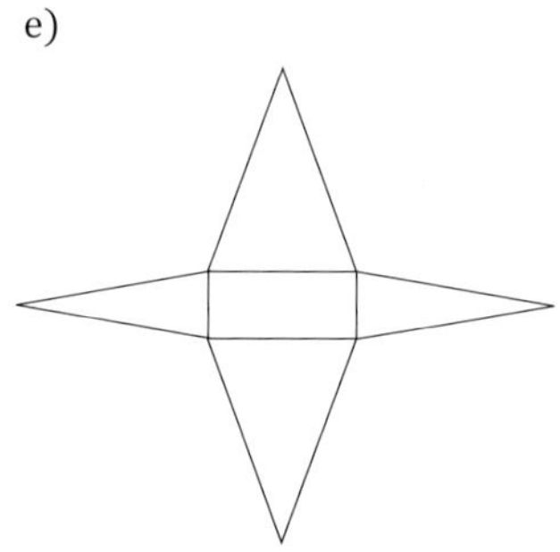

f)

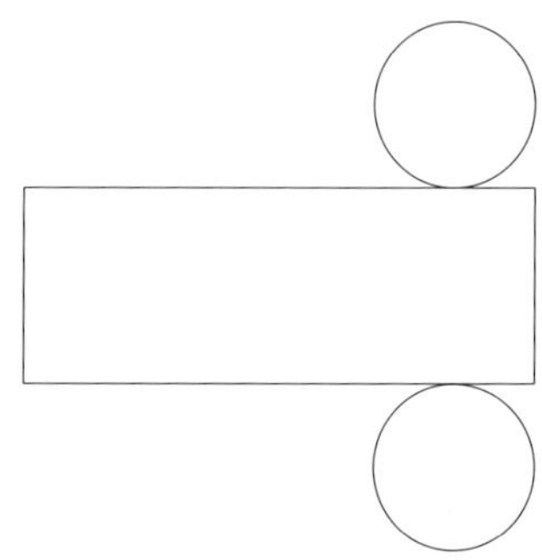

Seite 168 | Aufgabe 5

(1) (2) (3) (4)

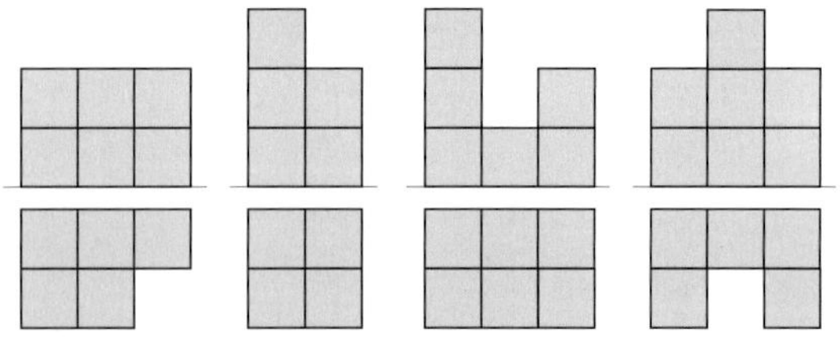

Seite 169 | Aufgabe 6

a) (1) ↔ (IV) (2) ↔ (II) (3) ↔ (III) (4) ↔ (V) (5) ↔ (I) (6) ↔ (VI)

b)

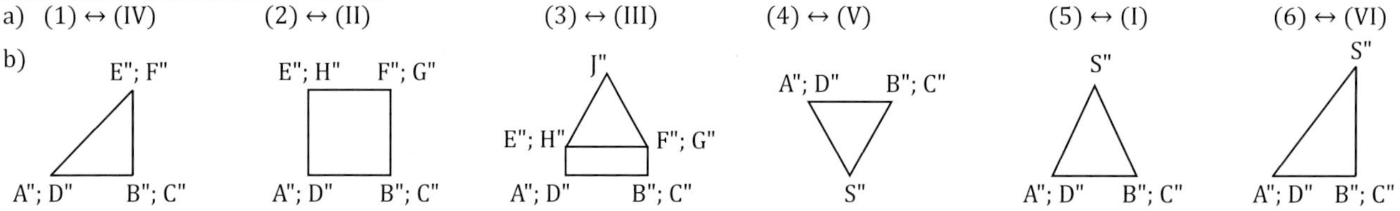

Seite 169 | Aufgabe 7

(1) ↔ (G) (2) ↔ (D) (3) ↔ (E) (4) ↔ (A)
(5) ↔ (C) (6) ↔ (H) (7) ↔ (B) (8) ↔ (F)

Seite 169 | Aufgabe 8

(a) (b) (c)

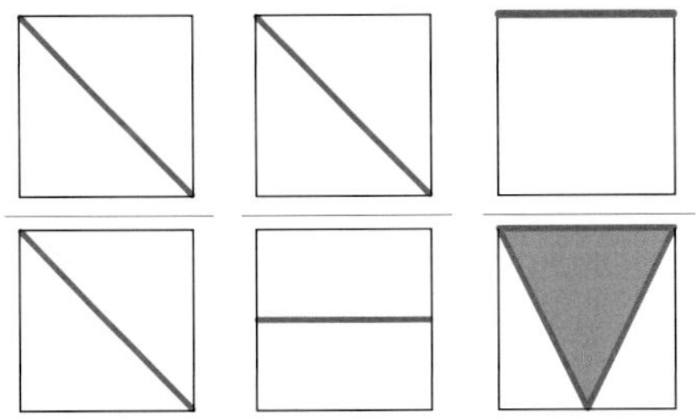

Seite 170 | Aufgabe 9

a)
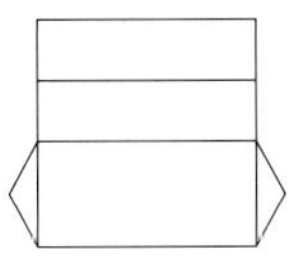

b)
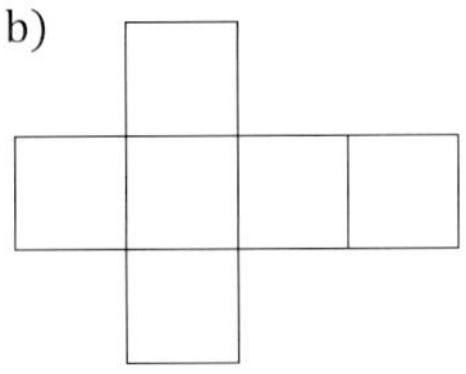

c)
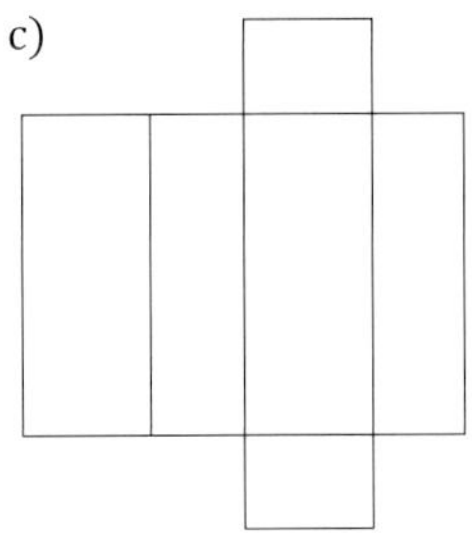

d)
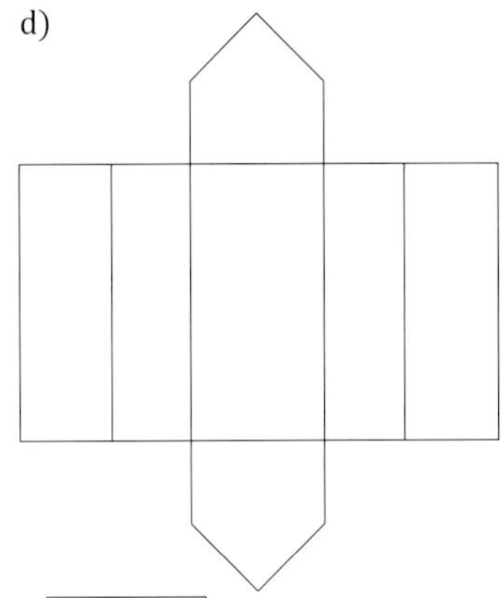

Seite 170 | Aufgabe 10

Maßstab 1 : 2

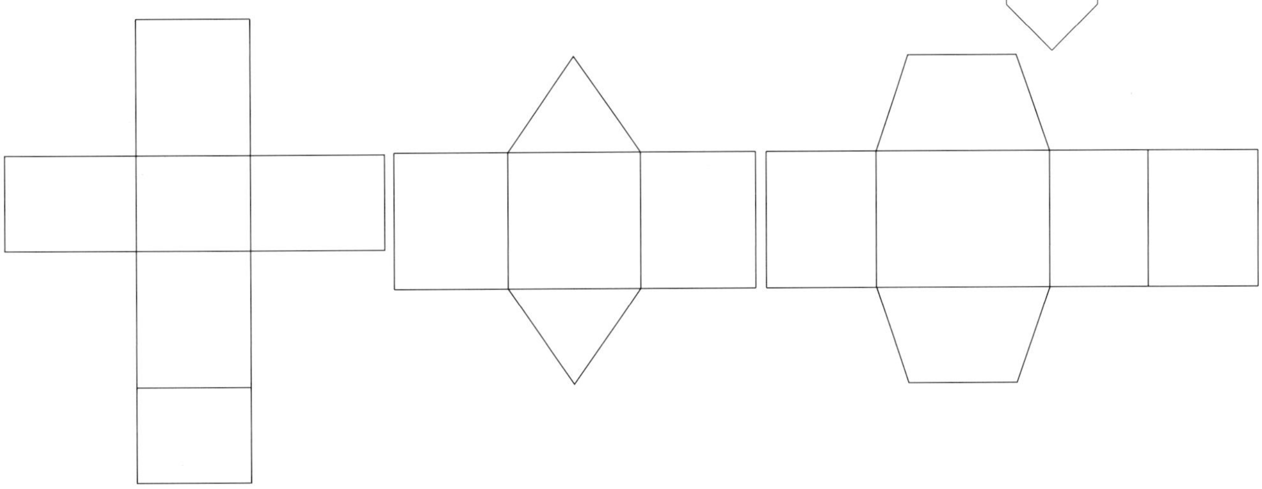

Seite 170 | Aufgabe 11

a) Maßstab 1 : 4

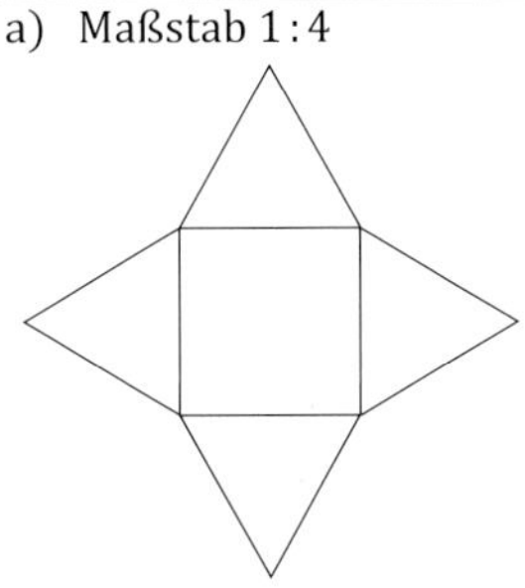

b) Maßstab 1 : 4

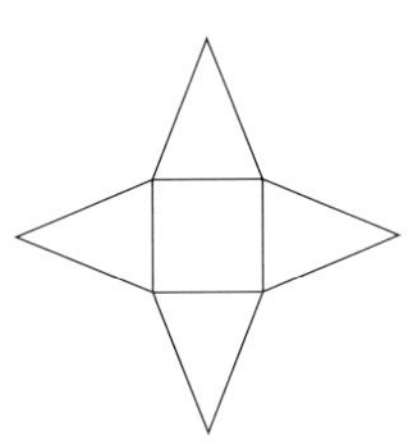

Seite 170 | Aufgabe 12

(a) (b) (c)

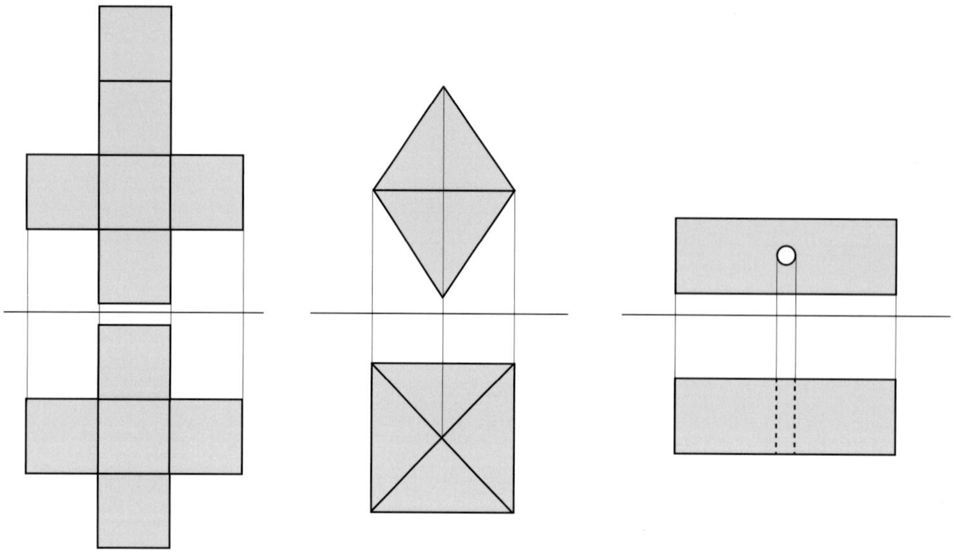

Seite 170 | Aufgabe 13

Alle drei Körper sind Prismen, Körper (1) stehend, Körper (2) stehend, Körper (3) liegend.

(1) (2) (3)

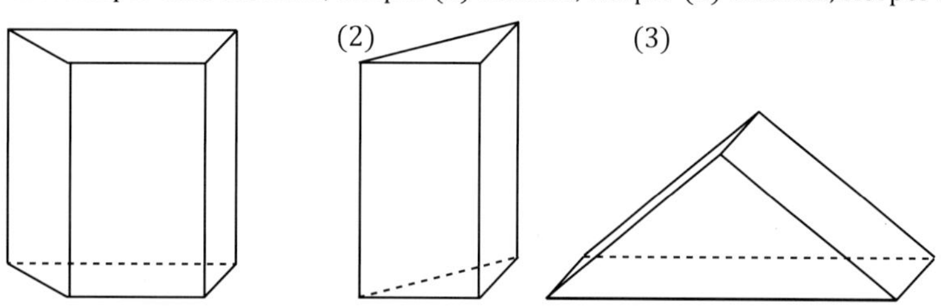

Seite 171 | Aufgabe 14

Der Kürzeste Weg ist eine Gerade auf dem Körpernetz.

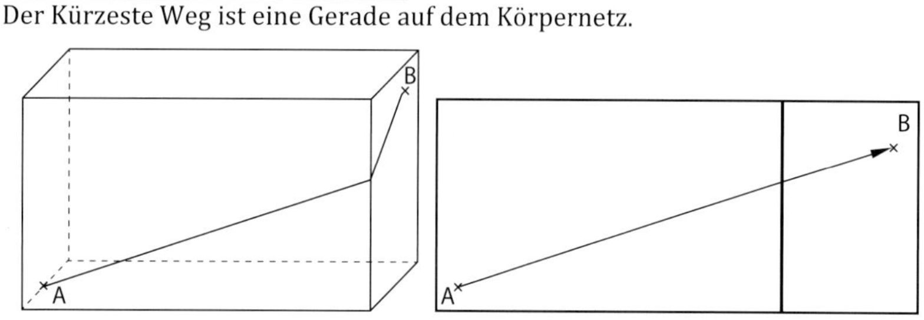

Seite 171 | Aufgabe 15

Aufriss von der roten Seite betrachtet:

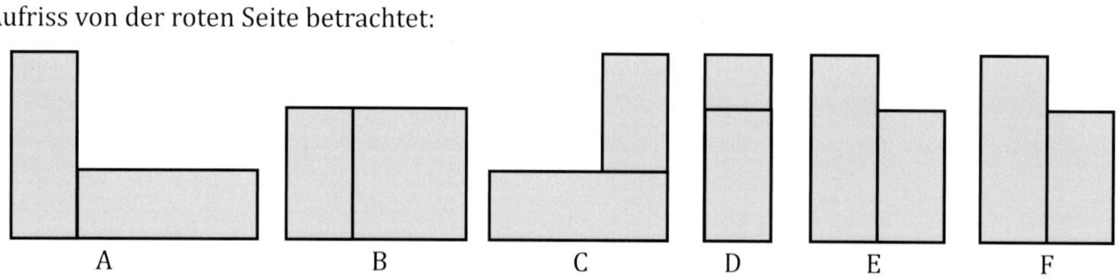

Aufriss von der grünen Seite betrachtet:

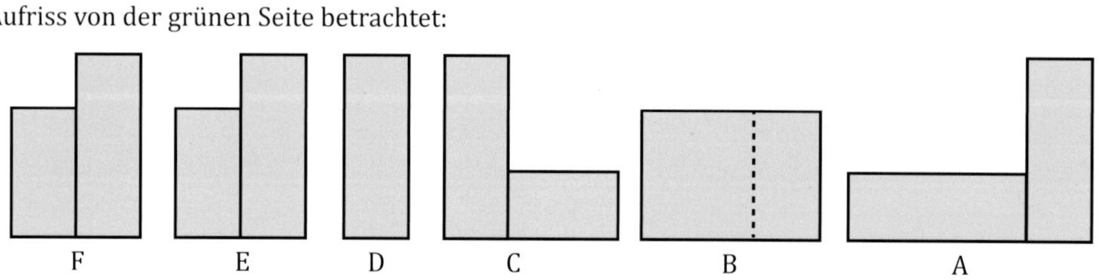

Seite 171 | Aufgabe 16

a) Beispiel:

Schrägbild:

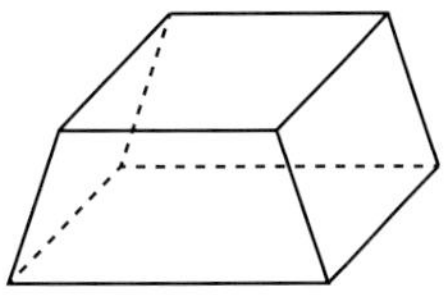

Zweitafelbild:

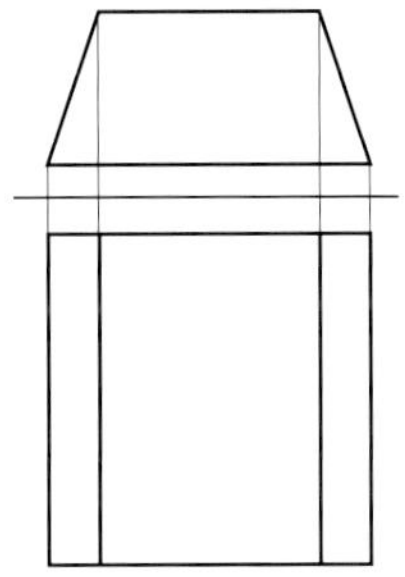

b) Das Prisma mit trapezförmiger Grundfläche liegt auf der größten Begrenzungsfläche. Grund- und Deckfläche sind parallel zur Aufrissebene. Zuerst wird der Aufriss (Trapez) in wahrer Größe gezeichnet, dann der Grundriss (Quadrat in drei Rechtecke aufgeteilt) nach dem Einzeichnen der Ordnungslinien.

Seite 171 | Aufgabe 17

Beispiele:

(1)

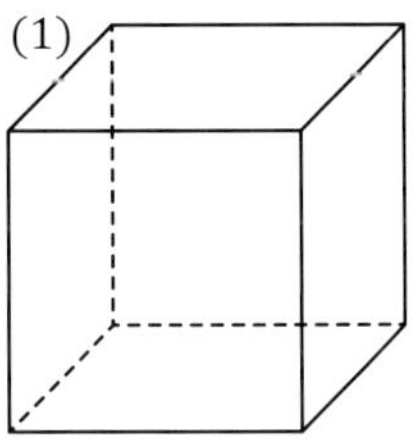

(2)

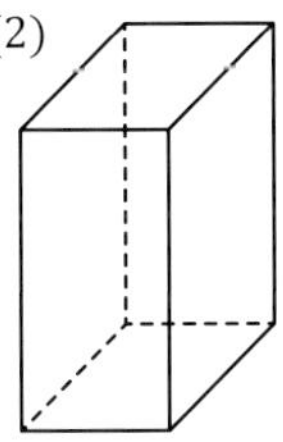

(3)

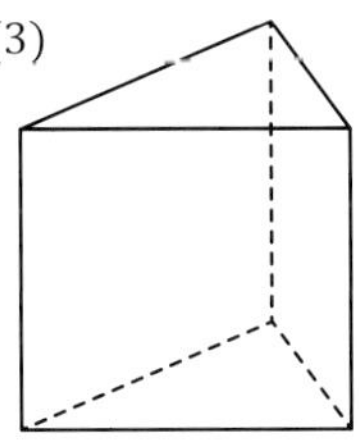

Maßstab 1 : 2

(1)

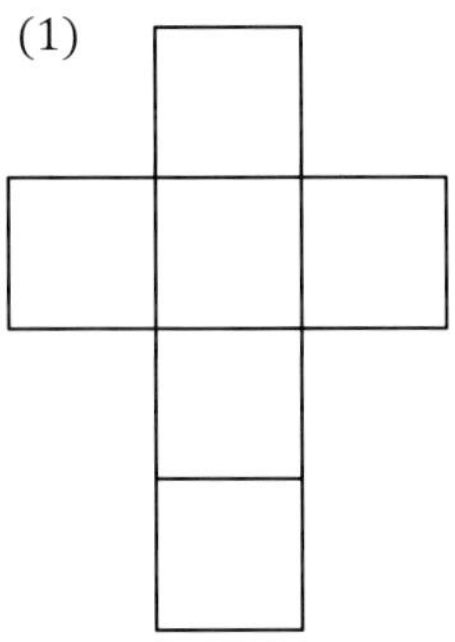

(2)

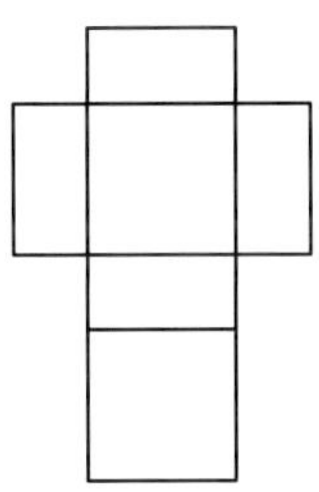

(3)

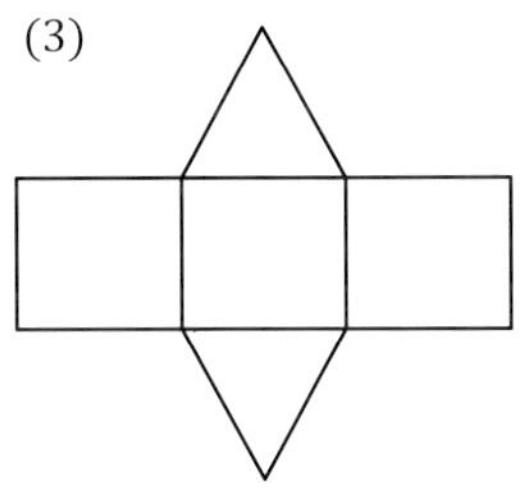

7. Zufall und Wahrscheinlichkeit

7.1 Zufallsexperimente und Wahrscheinlichkeit

Seite 178 | Einstieg

Würfel	2 Möglichkeiten: gerade oder ungerade Würfelzahl
Domino-Stein	2 Möglichkeiten: Ende mit Ziffer 1 oder Ende mit Ziffer 3
Dame-Spielsteine	2 Möglichkeiten: heller Spielstein oder dunkler Spielstein
Mensch-ärger-dich-nicht-Figur	2 Möglichkeiten: roter Spielstein oder gelber Spielstein

Seite 179 | Aufgabe 1

Es handelt sich um einen Zufallsversuch.
Ergebnismenge: $\Omega = \{$rotes Feld, blaues Feld, grünes Feld, gelbes Feld$\}$

Seite 179 | Aufgabe 2

a) Lottospiel ist ein Zufallsversuch. Es gibt 13 983 816 voneinander verschiedene Ergebnisse. die vor dem Experiment bekannt sind. Welches Ergebnis eintreten wird ist unbekannt.
b) „Nächster Sonntag schulfrei" ist kein Zufallsergebnis – feststehender Sachverhalt
c) „Karte ziehen aus einem Kartenspiel" ist ein Zufallsversuch. In einem Skatblatt gibt es 32 voneinander verschiedene Karten. Welche Karte gezogen wird. ist vorher nicht bekannt.
d) „Glas fallen lassen" ist kein Zufallsversuch. Das Glas fällt immer nach unten.
e) „Marmeladenbrot fällt auf den Boden" kann ein Zufallsversuch sein. Es gibt zwei verschiedene Ergebnisse (Brot fällt auf bestrichene Seite, Brot fällt nicht auf bestrichene Seite). die vor dem Experiment bekannt sind. Welches Ergebnis eintreten wird ist unbekannt.
f) „Spiel Bayern München gegen Schalke" ist kein Zufallsversuch – feststehender Sachverhalt

Seite 179 | Aufgabe 3

Zufallsversuche:	Anschlagen des Kammertones a auf dem Klavier durch einen Musiklaien.
	Ermitteln des Zahlencodes eines intakten Zahlenschlosses durch Probieren
Keine Zufallsversuche:	Anschlagen des Kammertones a durch einen Klavierspieler.
	Öffnen eines intakten Schlosses mit passendem Schlüssel.

Seite 179 | Aufgabe 4

a) $\Omega = \{0, 1, 2\}$ b) $\Omega = \{0, 1, 2, 3\}$

Seite 179 | Aufgabe 5

Ergebnismenge beim Ziehen von 3 Kugeln: (r – rot, b – blau, g – grün)
$\Omega = \{$bbb, bbg, bbr, bgr, bgg, brr, ggr, grr, rrr$\}$

Seite 180 | Aufgabe 6

a) A: Augenzahl < 3 $A = \{1; 2\}$ B: Augenzahl > 1 $B = \{2; 3, 4\}$
C: Augenzahl gerade $C = \{2; 4\}$ D: Augenzahl > 5 $D = \varnothing$
E: Augenzahl ≥ 1 $E = V$ F: $= \overline{E}$ $F = \varnothing$

b) Unmögliche Ereignisse
D: mögliche Augenzahl: ≤ 4 → Augenzahl > 5 kann nicht vorkommen
F: Gegenereignis zum sicheren Ereignis
Sicheres Ereignis
E: Die Ergebnismenge ist identisch mit der Menge aller möglichen Ergebnisse.

c) $\overline{A}$: Die Augenzahl ist nicht kleiner als 3, also größer als 2; Ergebnismenge: $\overline{A} = \{3, 4\}$

Seite 180 | Aufgabe 7

a) $A = \{2,\ 4,\ 5,\ 8,\ 9,\ 10\}$
b) $\overline{A}=\{1,\ 3,\ 6,\ 7\}$; (Der Verkehrsteilnehmer hat sich nicht an die Geschwindigkeitsbegrenzung gehalten.)

Seite 180 | Aufgabe 8

E_1	Anzahl defekter Triebwerke ist größer oder gleich 1	$E_1 = \{1;\ 2\}$
E_2	Anzahl defekter Triebwerke ist gleich 1	$E_2 = \{1\}$
E_3	Anzahl defekter Triebwerke ist kleiner oder gleich 1	$E_3 = \{0;\ 1\}$

Seite 180 | Aufgabe 9

a) $E_1 = \{W|1;\ W|2;\ W|3;\ W|4;\ W|5;\ W|6\}$ b) $E_2 = \{Z|1;\ Z\,|2;\ Z\,|3;\ Z\,|4;\ Z\,|5;\ Z\,|6\}$

Seite 181 | Aufgabe 10

A:	Augenzahl < 8	$A = \{1;\ 2;\ 3;\ 4;\ 5;\ 6;\ 7\}$
B:	Augenzahl = Primzahl	$B = \{2;\ 3,\ 5;\ 7;\ 11\}$
C:	Augenzahl < 0	$C = \varnothing$
D:	Augenzahl > 1	$B = \{2;\ 3;\ 4;\ 5;\ 6;\ 7;\ 8;\ 9;\ 10;\ 11;\ 12\}$
E:	$= \overline{B}$	$E = \{1;\ 4;\ 6;\ 8;\ 9;\ 10;\ 12\}$
F:	Augenzahl gerade oder ungerade	$F = \Omega$
G:	Augenzahl x, mit $x < 3$ oder $x < 5$	$G = \{1;\ 2; 6;\ 7;\ 8;\ 9;\ 10;\ 11;\ 12\}$

Seite 181 | Aufgabe 11

Unter den vier gezogenen Kugeln sind zwei grüne Kugeln.

Seite 181 | Aufgabe 12

a) rot = 1, gelb = 2, grün = 3; $\Omega = \{111, 112, 113, 122, 123, 133, 222, 223, 233\}$
b) Individuelle Lösung; Beispiel: A = {112, 113}; Unter den drei Fruchtschnecken sind zwei rote.
B = {111}; Alle drei Fruchtschnecken sind rot.

Seite 181 | Aufgabe 13

a) Hat jemand eine andere Lieblingssportart als die drei angegebenen, so kann er nichts ankreuzen.
b) Beispielsweise kann der Fragebogen ergänzt werden mit der Rubrik „Sonstige".

Seite 181 | Aufgabe 14

blau: 1; grün: 2; gelb: 3
a) Ergebnismenge: {(1), (2, 1), (3, 1), (2, 3, 1), (3, 2, 1)}
b) 1 Zug: (1); 2 Züge: (2, 1), (3, 1); 3 Züge: (2, 3, 1), (3, 2, 1)

Seite 181 | Aufgabe 15

a) Es sind alle Wurfergebnissein dem Schema enthalten.
b) Ereignis A: Augensumme = 2 A = {(1,1)}
Ereignis B: Augensumme = 7 B = {(1,6), (2,5), (3,4), (4,3), (5,2), (6,1)}

7.2 Häufigkeiten und Wahrscheinlichkeiten

Seite 182 | Einstieg

Verwendungsmöglichkeiten: Bau einer Umgehungsstraße oder Untertunnelung verlangen
Lkw-Durchgangsverkehr verbieten

Seite 182 | Aufgabe 1

$h(\text{Ben}) = \frac{7}{25}$; $h(\text{Chris}) = \frac{5}{25}$; $h(\text{Darius}) = \frac{4}{25}$; $h(\text{Emil}) = \frac{0}{25}$; $h(\text{alle}) = \frac{16}{100}$

Seite 182 | Aufgabe 2

n	100	80	450	n	n
H(A)	50	20	45	n	0
h(A)	0,5	0,25	0,1	1	0

Seite 184 | Aufgabe 3

a)

n	60	120	180	240	300	360
H(A)	16	32	49	70	94	109
h(A)	0,267	0,267	0,272	0,292	0,313	0,303

Schätzwert: P(A) = 0,30

b) $P(A) = 0{,}30 = \frac{x}{100\,000} \rightarrow x = 30\,000$

Seite 184 | Aufgabe 4

a), b) individuelle Lösung

c) Schätzwert: p = 0,5

Seite 184 | Aufgabe 5

a) Es gibt 2 Möglichkeiten: offene Seite oben, offene Seite unten

b) Individuelle Lösung

Seite 185 | Aufgabe 6

a)

n: Anzahl der Ziehungen	80	160	240
H(rote Kugel)	13	33	48
h(rote Kugel)	$\frac{13}{80} = 0{,}163$	$\frac{33}{160} = 0{,}206$	$\frac{48}{240} = 0{,}2$

b) Die relative Häufigkeit wird sich stabilisieren. Die entsprechende Untersuchung kann hier nicht erfolgen, dazu ist der gleiche Versuchsaufbau erforderlich. Die Anzahl rote und blauer Kugeln ist aber nicht bekannt.
c) Bei einer geschätzten Wahrscheinlichkeit P(rote Kugel) = 0,2 ist bei 1000 Ziehungen mit der Anzahl von $1000 \cdot 0{,}2 = 200$ roten Kugeln zu rechnen.
d) Der Anteil blauer Kugeln könnte 80 % betragen.

Seite 185 | Aufgabe 7

Zufallsergebnis	E_1	E_2	E_3	E_4
absolute Häufigkeit	35	19	64	6
relative Häufigkeit	$\frac{35}{124} = 0{,}28$	$\frac{19}{124} = 0{,}15$	$\frac{64}{124} = 0{,}52$	$\frac{6}{124} = 0{,}05$

Seite 185 | Aufgabe 8

Die Schlussfolgerung, dass der Würfel gezinkt sei, ist etwas voreilig getroffen. Bei nur 20 Versuchen kann es passieren, dass zehnmal eine Sechs geworfen wird. Dieses Ereignis wird zwar nicht sehr oft vorkommen, Skepsis ist also angebracht. Man könnte den Würfel durch weitere Versuchsdurchführungen überprüfen, z. B. mehrere Serien von 20 Würfen durchführen und die Ergebnisse entsprechend werten. (Hinweis: theoretische Wahrscheinlichkeit $B_{20;\,1/6}(10)=0{,}000493$)

Seite 185 | Aufgabe 9

		grün	blau	rot	gelb
a)	absolute Häufigkeit	26	18	40	16
	relative Häufigkeit	$\frac{26}{100} = 0{,}26$	$\frac{18}{100} = 0{,}18$	$\frac{40}{100} = 0{,}40$	$\frac{16}{100} = 0{,}16$
b)	Kugelanzahl	$26 \cdot \frac{3}{10} \approx 8$	$18 \cdot \frac{3}{10} \approx 5$	$40 \cdot \frac{3}{10} \approx 12$	$16 \cdot \frac{3}{10} \approx 5$

Seite 185 | Aufgabe 10

Die Stabilisierung der relativen Häufigkeiten ist bei dem Diagramm an der immer geringer werdenden Abweichung von einem festen Wert erkennbar. Beispiel: In einer Folge von Zufallszahlen zwischen 1 und 10 kommen die Zahlen ≤ 2 mit einer Wahrscheinlichkeit vom 0,2 vor.

Seite 185 | Aufgabe 11

Pia: Die Simulation eines Würfels mit 3 Buchstabenplättchen ist nicht möglich.
Marie: Die beiden Münzen sind dreimal zu werfen. Die Gesamtzahl der dabei auftretenden Wappen entspricht einer Zahl des Würfels.
Erik: Mit dem quaderförmigen USB-Stick kann man keinen Würfel simulieren.

7.3 Laplace-Wahrscheinlichkeit

Seite 186 | Einstieg

Ein Spielwürfel hat 6 Seiten, das Auftreten jeder Seite ist gleichwahrscheinlich. Somit gilt: P(„Werfen einer 6“) $= \frac{1}{6} = 0{,}167$

Seite 186 | Aufgabe 1

a) Münzen-Wurf: Laplace-Versuch. Es gibt 2 gleichwahrscheinliche Ergebnisse.
b) Elfmeterschießen: kein Laplace-Versuch. Treffer sind nicht gleichwahrscheinlich.
c) Kinderanzahl: kein Laplace-Versuch. Kinderanzahl ist nicht gleichwahrscheinlich.
d) Glücksrad: Laplace-Versuch. Es gibt 10 gleichwahrscheinliche Ergebnisse.

Seite 187 | Aufgabe 2

Das Werfen eines Spielwürfels ist immer ein Laplace-Versuch. Das Auftreten der 6 verschiedenen Ziffern ist gleichwahrscheinlich.

a) $\{2;\ 3;\ 4;\ 5;\ 6\}$ $p = \frac{5}{6} = 0{,}83$

b) $\{1;\ 2;\ 3;\ 4;\ 5;\ 6\}$ $p = \frac{6}{6} = 1$

c) $\{\}$ $p = \frac{0}{6} = 0$

d) $\{6\}$ $p = \frac{1}{6} = 0{,}17$

Seite 187 | Aufgabe 3

a) Verhältnis rot zu schwarz: 1 : 4 → (z. B.) 1 rote und 4 schwarze Kugeln
b) Verhältnis rot zu schwarz: 1 : 1 → (z. B.) 1 rote und 1 schwarze Kugel
c) Verhältnis rot zu schwarz: 1 : 99 → (z. B.) 1 rote und 99 schwarze Kugeln
d) Verhältnis rot zu schwarz: 1 : 2 → (z. B.) 1 rote und 2 schwarze Kugeln
e) Verhältnis rot zu schwarz: 1 : 0 → (z. B.) 1 rote und 0 schwarze Kugeln
f) Verhältnis rot zu schwarz: 0 : 1 → (z. B.) 0 rote und 1 schwarze Kugel

Seite 187 | Aufgabe 4

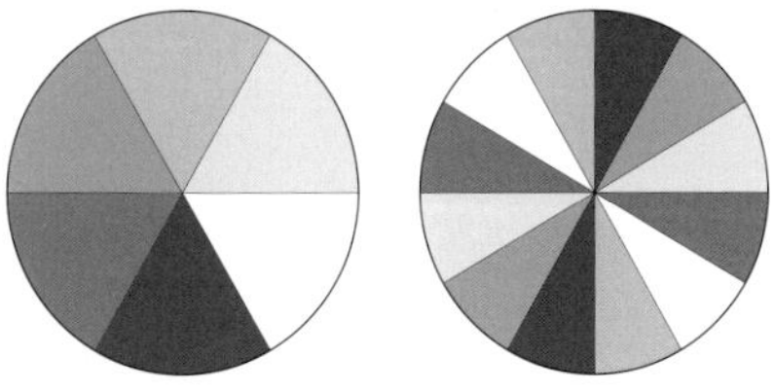

Seite 187 | Aufgabe 5

a) $\frac{4}{32} = \frac{1}{8}$ b) $\frac{8}{32} = \frac{1}{4}$ c) $\frac{16}{32} = \frac{1}{2}$ d) $\frac{1}{32}$

Seite 187 | Aufgabe 6

a) 5,9% b) 23,5% c) 41,2% d) 58,5% e) 0% f) 88,2%

Seite 187 | Aufgabe 7

Individuelle Lösung

a) $E_1 = \{1; 2\}, E_2 = \{3; 4\}, E_3 = \{5; 6\}$ b) $A = \{1; 2; 3\}, B = \{4; 5; 6\}$ c) $A = \{1; 2\}, B = \{3; 4; 5; 6\}$

Seite 187 | Aufgabe 8

a) $P(\text{ungerade Zahl}) = \frac{9}{18} = 0{,}5$

b) $P(\text{gelbes Feld}) = \frac{9}{18} = 0{,}5$

c) $P(n \text{ mit } 3|n) = \frac{6}{18} = 0{,}33$

d) $P(\overline{\text{blaues Feld}}) = \frac{17}{18} = 0{,}944$

e) $P(\text{blaues oder grünes Feld}) = \frac{7}{18} = 0{,}389$

Seite 188 | Aufgabe 9

a) Es ist ein Laplace-Experiment mit $p = \frac{1}{200}$
b) Es ist kein Laplace-Experiment. Die Wahrscheinlichkeit des Gewähltwerdens ist nicht für alle Personen gleich.
c) Es ist kein Laplace-Experiment. Die Geburtenwahrscheinlichkeit für Jungen ist geringfügig höher.

Seite 188 | Aufgabe 10

a) Ergebnismenge ist die Menge der natürlichen Zahlen von 1 bis 49. Das Ziehen der ersten Kugel ist ein Laplace-Versuch, da jede Kugel die gleiche Chance hat, gezogen zu werden.
b) Ergebnismenge: kleine, mittlere oder große Seitenfläche liegt oben; nicht gleichwahrscheinlich, weil der Körper nicht völlig symmetrisch ist, – Kein Laplace-Versuch
c) Ergebnismenge sind alle möglichen aus fünf Karten bestehenden Teilmengen aller Karten des Spiels. Jede Fünfermenge hat die gleiche Chance. Es liegt ein Laplace-Versuch vor.
d) Es kommt darauf an, ob man für die Ergebnismenge die Reihenfolge der Münzen betrachtet oder nicht. Beachtung der Reihenfolge: (w1, w2), (w1, z2), (z1, w2), (z1, z2) mit Wahrscheinlichkeit von je 0,25 (Laplace-Versuch)
e) Wie bei d), jedoch mit anderen Wahrscheinlichkeiten

Seite 188 | Aufgabe 11

Betrachtet man als Ergebnisse nur das Ziehen eines beliebigen Fruchtgummis, dann liegt ein Laplace-Versuch vor mit der Wahrscheinlichkeit 0,1. Bezieht man die Farbe mit ein, so liegt kein Laplace-Experiment vor.

Seite 188 | Aufgabe 12

a) $\frac{2}{3}$ b) 0 c) $\frac{1}{3}$

Seite 188 | Aufgabe 13

a)
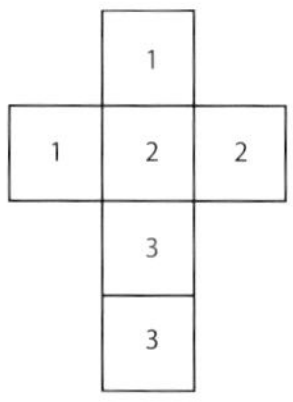

b)
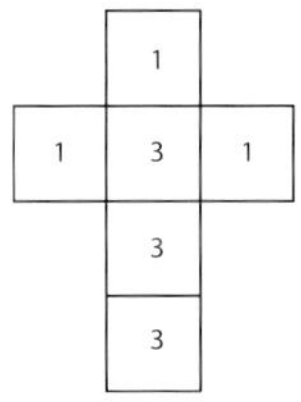

c)
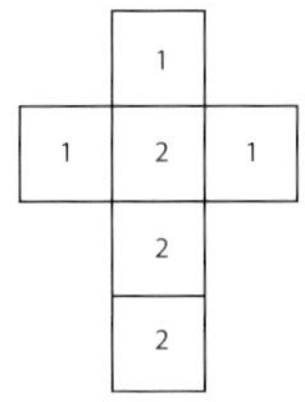

d)
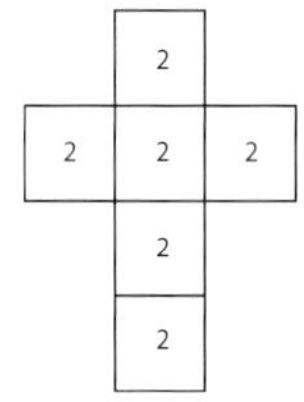

Seite 188 | Aufgabe 14

a) 0,25 b) ca. 0,42 c) ca. 0,17

Die Wahrscheinlichkeiten ändern sich nicht.

Seite 188 | Aufgabe 15

a) Judith sollte Würfel A wählen, weil es bei A 19 und bei B nur 17 Gewinnmöglichkeiten gibt.
b) Individuelle Lösung (z. B.: 8; 10; 12; 18; 22; 30 besser als A, schlechter als B)

7.4 Simulation von Zufallsversuchen

Seite 189 | Einstieg

Für die Simulation einer Nachrichtenübermittlung definiert man eine der Ziffern eines Würfels (z. B. die Ziffer 1) für fehlerhafte Signalübermittlung. Eine Nachricht aus 10 Signalen wird dann durch zehnmaliges Würfeln simuliert. Die relative Häufigkeit des Auftretens der Ziffer 1 (in Prozent) vergleicht man mit der kritischen Zahl 20 %.

Seite 190 | Aufgabe 1

a) Drehen eines Glücksrades mit 10 gleichgroßen Sektoren, von denen 7 farbig markiert sind. Das Treffen dieser markierten Felder entspricht einer Wahrscheinlichkeit $p = 0{,}7$ und somit auch der Trefferwahrscheinlichkeit beim 11-Meter-Schießen.
b) Drehen eines Glücksrades mit 20 gleichgroßen Sektoren, von denen 7 farbig markiert sind. Das Treffen dieser markierten Felder entspricht einer Wahrscheinlichkeit $p = 0{,}35$ und somit auch der Wahrscheinlichkeit für die Teilnahme an der Mittagsversorgung.

Seite 190 | Aufgabe 2

a) Nicht geeignet, die Wahrscheinlichkeit für „rot“ ist 1.

b) Nicht geeignet, die Wahrscheinlichkeit P(A) beträgt $\frac{2}{3}$.

c) Geeignet, die Wahrscheinlichkeit, dass genau eine der zehn Zahlen kleiner oder gleich 8 ist, beträgt 80%.

Seite 191 | Aufgabe 3

Für das Werfen eines Spielwürfels wird festgelegt, dass das Ereignis A: „Werfen einer 1 oder 2“ für „Bezahlen mit dem Smartphone“ steht. Der Würfel wird zehnmal geworfen und es wird festgestellt, wie oft dabei das Ereignis A eingetreten ist. Ist das Ereignis A mindestens sechsmal eingetreten, so wird das als Treffer gezählt. Für eine größere Anzahl solche Zehnerserien wird der Anteil der Treffer an der Anzahl aller Zehnerserien ermittelt. Dies ist ein Schätzwert für die gesuchte Wahrscheinlichkeit.

Seite 191 | Aufgabe 4

Laplace-Versuch, 10 Ergebnisse:	Augenzahl geradzahlig	{2; 4; 6; 8; 10; 12; 14; 16; 18; 20}
Laplace-Versuch, 4 Ergebnisse:	Augenzahl durch 5 teilbar	{5; 10; 15; 20}
Laplace-Versuch, 5 Ergebnisse:	Augenzahl durch 4 teilbar	{4; 8; 12; 16; 20}
Laplace-Versuch, 6 Ergebnisse:	nicht möglich;	$6 \nmid 20$
Laplace-Versuch, 2 Ergebnisse:	Augenzahl durch 10 teilbar	{10; 20}

Seite 192 | Aufgabe 5

Um eine ganzzahlige Zufallszahl zu erzeugen, ist einzugeben: *=ZUFALLSBEREICH(Untere_Zahl; Obere_Zahl)*
Das Werfen von „Wappen“ kann durch „1“ und „Zahl“ durch „0“ simuliert werden. Das erfolgt in den Zellen A1 und B1. Wenn man zwei der Zufallszahlen addiert, gibt es genau eines der Ergebnisse 0, 1 oder 2. In C1 wird die Summe aus A1 und B1 berechnet.
A1: =Zufallsbereich(0;1)
B1: =Zufallsbereich(0;1)
C1: =A1+B1
Diese Befehle markieren und durch Ziehen an der rechten unteren Ecke bis in die Zeile 500 kopieren. Weil hier nur das Ergebnis 0 interessiert, muss gezählt werden, wie oft die Summe 0 vorkommt.
Dazu dient der Befehl *=ZÄHLENWENN(Bereich; Kriterien).*
In der Zelle D1 wird gezählt, wie oft im Bereich C1 bis C500 die Summe den Wert 0 hat, und diese Summe wird durch 500 dividiert.
Das Ergebnis ist der gesuchte Schätzwert. (Er muss in der Nähe von 0,25 liegen.)
D1: ***=ZÄHLENWENN(C1:C500;0)/500*** (Mit <F9> können beliebig viele Neuberechnungen erfolgen.)

Seite 192 | Aufgabe 6

Das Werfen von eines Spielwürfels kann durch *=ZUFALLSBEREICH(1; 6)* simuliert werden. Das erfolgt in den Zellen A1 und B1. Wenn man zwei der Zufallszahlen addiert, gibt es nur dann zwei Sechsen hintereinander, wenn die Summe 12 ist. In C1 wird die Summe aus A1 und B1 berechnet.
A1: =Zufallsbereich(1;6)
B1: =Zufallsbereich(1;6)
C1: =A1+B1
Diese Befehle markieren und durch Ziehen an der rechten unteren Ecke bis in die Zeile 500 kopieren.
Weil hier nur das Ergebnis 12 interessiert, muss gezählt werden, wie oft die Summe 12 vorkommt.
In der Zelle D1 wird gezählt, wie oft im Bereich C1 bis C500 die Summe den Wert 12 hat, und diese Summe wird durch 500 dividiert.
Das Ergebnis ist der gesuchte Schätzwert. (Er muss in der Nähe von 0,03 liegen.)
D1: ***=ZÄHLENWENN(C1:C500;12)/500*** (Mit <F9> können beliebig viele Neuberechnungen erfolgen.)

Seite 192 | Aufgabe 7

a)

Anzahl der Versuche	50	100	150	200	250	300	350	400
Häufigkeit Gewinn	9	14	18	21	24	3	42	48
relative Häufigkeit	0,18	0,14	0,12	0,105	0,096	0,01	0,12	0,12

b) $P = \frac{\text{Anzahl günstiger Ergebnisse}}{\text{Anzahl möglicher Ergebnisse}} = \frac{1}{8} = 0{,}125 = 12{,}5\,\%$

c) Individuelle Lösung

Seite 192 | Aufgabe 8

a) Es werden jeweils sechs ganze Zufallszahlen aus dem Intervall [1; 12] erzeugt. Es wird geprüft, ob mindestens zwei der Zufallszahlen gleich sind und die relative Häufigkeit dafür bestimmt. (Die Überprüfung auf Gleichheit kann „händisch“ erfolgen.) Bei größeren Stichprobenumfängen müsste die relative Häufigkeit in der Nähe von 0,777 liegen.

b) Individuelle Lösung

c) Erläuterung z. B.: Zellen A1 bis G1 mit ***=Zufallsbereich(1; 12)*** füllen. In weitere 24 Zeilen nach unten kopieren. In jeder Zeile prüfen, ob mindestens zwei gleiche Zufallszahlen vorhanden sind. Die Anzahl dieser Zeilen durch 25 dividieren.

Seite 192 | Aufgabe 9

Svens Behauptung ist falsch. Nur für die beiden ersten Serien sind die Wahrscheinlichkeiten gleich.

In beiden 10er Serien kommt „Kopf“ fünfmal vor: $P(„Kopf“) = \frac{5}{10} = 0{,}5$

In der 3. Serie tritt „Kopf“ aber nur viermal auf: $P(„Kopf“) = \frac{4}{10} = 0{,}4$

Seite 192 | Aufgabe 10

Aus 8 verschiedenen Spielsteinen (bzw. Karten) ziehen.
Die beiden Tetraeder kombinieren mit den Merkmalen Farbe und Zahl.

Seite 192 | Aufgabe 11

	A	B	C	D	E	F	G	H
1	1. Würfel	2. Würfel	3. Würfel	Summe		**Summe 2**	Anzahl	**rel_Häuf**
2	5	6	4	15		**3**	0	**0,000**
3	3	5	6	14		**4**	8	**0,016**
4	1	4	4	9		**5**	20	**0,040**
5	5	1	6	12		**6**	27	**0,054**
6	2	1	1	4		**7**	39	**0,078**
7	1	6	1	8		**8**	52	**0,104**
8	6	5	3	14		**9**	48	**0,096**
9	5	6	5	16		**10**	62	**0,124**
10	5	4	6	15		**11**	62	**0,124**
11	4	4	6	14		**12**	58	**0,116**
12	5	4	5	14		**13**	45	**0,090**
13	5	3	1	9		**14**	36	**0,072**
14	5	2	1	8		**15**	26	**0,052**
15	5	4	2	11		**16**	11	**0,022**
16	1	2	1	4		**17**	3	**0,006**
17	1	5	6	12		**18**	2	**0,004**
18	3	3	5	11				
19	3	6	2	11				
20	3	5	3	11				
21	3	3	2	8				
22	1	5	5	11				
23	5	5	1	11				
24	3	1	4	8				
25	2	6	2	10				
26	6	1	1	8				
27	5	3	1	9				
28	5	2	3	10				
29	5	4	3	12				
30	2	4	6	12				
31	6	3	1	10				

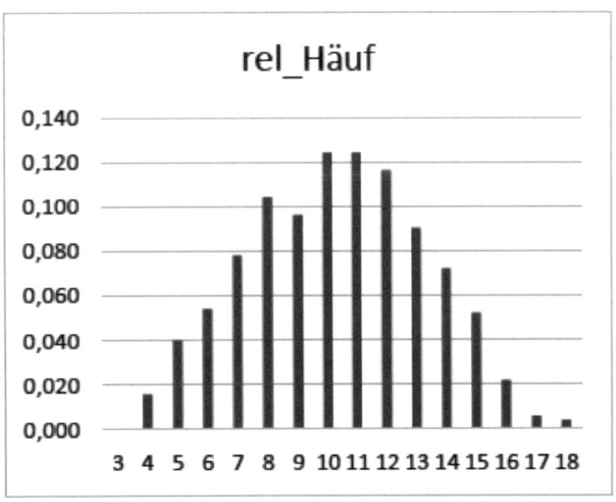

A2, B2 und C2: =Zufallsbereich(1;6)	Dreimal Würfelzahlen simulieren.
D2:=Summe(A2:C2)	Summe der Augenzahlen. A2, B2, C2 und D2 nach unten kopieren bis in Zeile 501
Spalte F. mögliche Augensummen	
G2: =Zählewenn($D$2:$D$501;F2)	Zählt die Anzahl der Augensummen 3. Befehl nach unten kopieren bis in ZelleG17.
H2: = G2/500	Berechnet die relative Häufigkeit. Befehl nach unten kopieren bis H17.
Bereiche F2 bis F17 und H2 bis H17 markieren.	Säulendiagramm erzeugen.

7.5 Vermischte Aufgaben

Seite 193 | Aufgabe 1

a) Kein Zufallsversuch
b) Zufallsversuch (p = 0,1)
c) Kein Zufallsversuch
d) Kein Zufallsversuch
e) Kein Zufallsversuch
f) Kein Zufallsversuch
g) Zufallsversuch (p = 0,25)
h) Nur dann ein v, wenn der Kandidat „blind" rät (p = 0,25).

Seite 193 | Aufgabe 2

a) Essen 0,60; Schlafen 0,28; Baden 0,12
b) dreimal Essen, zweimal Schlafen, einmal Baden

Seite 193 | Aufgabe 3

a) bisherige relative Trefferhäufigkeit
b) Christian 21, Daniel 20
c) Mathematisch nicht vorhersagbar

Seite 193 | Aufgabe 4

Die Ergebnisse Zahl und Wappen sind beim Münzenwerfen gleichwahrscheinlich. Die Ergebnisse müssen sich somit den Zahlen 7 – 70 – 700 annähern. Mit zunehmender Wurfanzahl wird das Wurfergebnis immer genauer.

Seite 193 | Aufgabe 5

Glücksrad mit 8 gleichen Sektoren, von denen 5 Sektoren farblich markiert sind: $\frac{5}{8}$ die Wahrscheinlichkeit für das Treffen

Seite 193 | Aufgabe 6

a) egal (0,5; 0,5)
b) egal (0,5; 0,5)
c) Sechsflächner (0,17; 0,13)
d) Achtflächner (0,69; 0,77)

Seite 194 | Aufgabe 7

a) Zentriwinkel rund 83°, 249°, 28°
b) $\frac{6}{26} \approx 0{,}23$

Seite 194 | Aufgabe 8

a)

	A	B	C	D	E	F	G	H	I	J	K
1	Anzahl Würfe	20	40	60	80	100	120	140	160	180	200
2	Reißzwecke auf Rücken	8	12	15	22	13	41	52	56	61	68
3	relative Häufigkeit	0,400	0,300	0,250	0,275	0,130	0,342	0,371	0,350	0,339	0,340

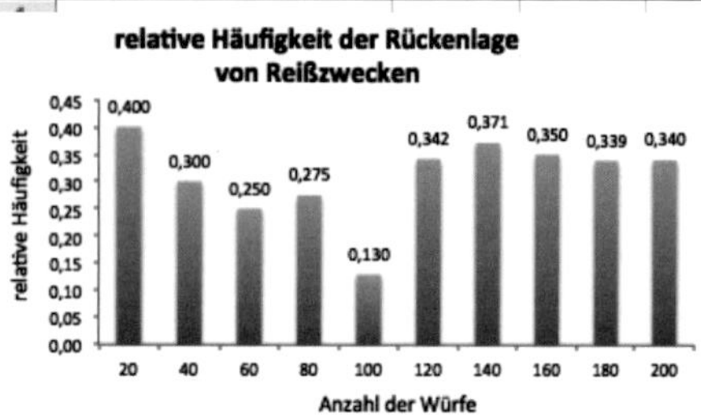

b) Schätzwert: P(Rückenlage Reißzwecke) = 0,34

Seite 194 | Aufgabe 9

a) Wahrscheinlichkeit, dass Lennox spielt: P(Lennox spielt) $= \frac{6}{7} = 0{,}857$
b) Wahrscheinlichkeit, dass Lennox und Joshua spielen: P(Lennox und Joshua spielen) $= \frac{6}{7} \cdot \frac{5}{6} = 0{,}714$

Seite 194 | Aufgabe 10

a) In einer Schale befinden sich vier mit den Ziffern 1 bis 4 nummerierte Kugeln. Es wird viermal eine Kugel ohne Zurücklegen gezogen. Die Ziffern in der Reihenfolge des Ziehens hintereinander geschrieben ergeben eine vierstellige Zahl.
b) Es gibt $4 \cdot 3 \cdot 2 \cdot 1 = 24$ mögliche Ergebnisse.
c) $P(A) = \frac{24}{24} = 1$ $\quad P(B) = \frac{12}{24} = 0{,}5$ $\quad P(C) = \frac{6}{24} = 0{,}25$ $\quad P(D) = \frac{24-4}{24} = 0{,}833$

Seite 194 | Aufgabe 11

a) Bei 38 % der 220 000 Pannen = 83 600 Pannen war die Fahrzeugelektrik die Ursache.
b) Bei 52 Kalenderwochen sind $\frac{13\,\%\text{ von } 20\,000\text{ Pannen}}{52\text{ Kalenderwochen}}$ = 550 Pannen pro Woche wegen fehlerhafter Zündanlage zu erwarten.

Seite 194 | Aufgabe 12

Bei einer hinreichend langen Versuchsreihe muss sich die relative Häufigkeit des Auftretens von Ziffer auf 0,5 einpegeln. Ist das nicht de Fall, so ist die Münze manipuliert.

Seite 194 | Aufgabe 13

Ampel auf „Grün" → Zufallszahl 1
Ampel nicht auf „Grün" → Zufallszahl 0
Zellen A1, B1, C1, D1, E1 → =Zufallsbereich(0;1)
Zelle F1 = Summe(A1: E1)
Befehle aus A1 bis F1 nach unten kopieren, z. B. bis in die Zeile 500
Zelle G1 → =Zählenwenn(F1:F500;5)/500

0	0	0	0	0	0	0,032
0	1	0	1	1	3	
0	1	1	1	0	3	

Theoretischer Wert: $0{,}5^5 = 0{,}03125$

Seite 194 | Aufgabe 14

	A	B	C	D	E	F
1	6,11776447					
2			"Zufallszahl"			
3	22	2	1	6	0	0
4	17	7	2	5	3	3
5	23	1	6	0	0	0
6	15	9	3	2	1	5

C3: =ZUFALLSBEREICH(1;6)	Eine ganzzahlige Zufallszahl aus [1; 6] erzeugen und nach unten kopieren bis C500.
D3:= =WENN(ODER(C3=6;C3=0);0;ZUFALLSBEREICH(1;6)))	Hier wird mit der WENN(Bedingung, [Dann Wert])-Formel überprüft, ob das vorherige linke Feld die Werte 6 oder 0 hat. Falls das so ist, wird die Zahl Null ausgegeben, ansonsten abermals gewürfelt. Dieser Befehl wird in die Felder E3 bis Z3 und E4 bis Z500 kopiert.
A3: =ZÄHLENWENN(C3:Z3;0)	Dieser Befehl zählt, wie oft in der Zeile 3 die Zahl Null vorkommt. Dieser Befehl wird in die Felder A4 bis A500 kopiert.
B3: =24-A3	Es sind 24 Spalten von C bis Z. Zieht man davon die Anzahl der Spalten ab, in denen Null vorkommt, so hat man die Anzahl der Spalten ermittelt, bis zum ersten Mal die 6 erscheint.
A1: =MITTELWERT(B3:B500)	Der Mittelwert der Daten aus B3 bis B500 wird berechnet. Das ist der gesuchte Schätzwert.
	Mit <F9> kann eine Neuberechnung veranlasst werden.

Seite 195 | Aufgabe 15

a) Werfen eines Spielwürfels, Ergebnis: Augenzahl = 0 → $p = 0$

b) Werfen eines Spielwürfels, Ergebnis: Augenzahl geradzahlig → $p = 0{,}5$

c) Werfen eines Spielwürfels, Ergebnis: Augenzahl ≥ 1 → $p = 1$

d) Werfen eines Spielwürfels, Ergebnis: Augenzahl ≥ 5 → $p = \frac{1}{3}$

e) Werfen eines Spielwürfels, Ergebnis: Augenzahl < 6 → $p = \frac{5}{6}$

f) Es gibt keine Ereignisse mit $p > 1$.

Seite 195 | Aufgabe 16

a) Augenzahl ≠ 0 $p = 1$

b) Augenzahl nicht geradzahlig $p = 0{,}5$

c) Augenzahl $\ngeq 1$ (< 1) $p = 0$

d) Augenzahl $\ngeq 5$ (< 5) $p = \frac{2}{3}$

e) Augenzahl $\nless 6$ (≥ 6) $p = \frac{1}{6}$

f) Es gibt kein Gegenereignis

Seite 195 | Aufgabe 17

a) Individuelle Lösung

	A	B	C	D	E
1	6	4	10	Summe 9	Summe 10
2	5	1	6	119	86
3	3	1	4		
4	5	3	8		

A1 und B1: =ZUFALLSBEREICH(1;6)
A1, B1 und C1 bis in Zeile 1000 kopieren.

C1: =A1 + B1
D2: =ZÄHLENWENN(C1:C1000;9)
E2: =ZÄHLENWENN(C1:C1000;10)

Miriams Vermutung wird bestätigt.

b) Vier Möglichkeiten für die Augensumme 10: (3, 6), (6, 3), (4, 5), (5, 4)
Nur drei Möglichkeiten für Augensumme 10: (4, 6), (6, 4), (5, 5)

Seite 195 | Aufgabe 18

	A	B	C	D	E
1	1	0	1		0,58
2	1	1	2		
3	1	1	2		

A1: =WENN(ZUFALLSZAHL()<=0,7;1;0)	Wahrscheinlichkeit, dass es am ersten Tag regnet. Wenn ja, dann 1, sonst 0.
B1: =WENN(ZUFALLSZAHL()<=0,6;1;0)	Wahrscheinlichkeit, dass es am zweiten Tag regnet. Wenn ja, dann 1, sonst 0.
C1: =A1+B1	Summe
	A1, B1; C1 nach unten kopieren bis in Zeile 100.
E1: =ZÄHLENWENN(C1:C100;"<=1")/100	Zählt die Anzahl der Nullen und Einsen, also simuliert die Anzahl der Tage, an denen es nicht regnet oder nur an einem Tag regnet.

Seite 195 | Aufgabe 19

a) (1) $\frac{12 \cdot 100}{750} = 1{,}6$ P(fehlerhafter DT Marke X-Plus) = 1,6 % = 0,016

(2) $\frac{11 \cdot 100}{500} = 2{,}2$ P(fehlerhafter DT Marke Y-Minus) = 2,2 % = 0,022

(3) $\frac{14 \cdot 100}{800} = 1{,}75$ P(fehlerhafter DT Marke Z-Super) = 1,75 % = 0,0175

b) (1) $p \approx 1{,}6\,\%$ (2) $p \approx 2{,}2\,\%$ (3) $p \approx 1{,}75\,\%$

c) (1) $10\,000 \cdot 0{,}016 = 160$ (2) $10\,000 \cdot 0{,}022 = 220$ (3) $10\,000 \cdot 0{,}0175 = 175$

Seite 195 | Aufgabe 20

a)

Seitenfläche	A	B	C	D	E	F
Absolute Häufigkeit	101	23	279	275	24	98
relative Häufigkeit	0,126	0,029	0,349	0,344	0,03	0,123

b) gegenüberliegende Seitenflächen: C – D; A – F; B – E

c)

Seitenfläche	A	B	C	D	E	F
Wahrscheinlichkeit	0,13	0,03	0,35	0,34	0,03	0,12

Seite 195 | Aufgabe 21

	F	G	H	I	J	K	L
1	3	1	1	4	2	5	0,93
2	1	4	4	4	2	8	
3	3	1	2	3	4	7	
4	2	1	4	2	2	7	

A1 bis J1: =ZUFALLSBEREICH(1;4)
K1: =ZÄHLENWENN(A1:J1;"> 1") → Zählt die Anzahl der Älteren unter den 10 Autofahrern.
A1 bis K1 bis in Zeile 1000 kopieren
L1: =ZÄHLENWENN(K1:K1000;"> 5")/1000 → Zählt „mehr als die Hälfte".

8. Aufgabenpraktikum (2)

Grundlegendes

Aufgabenmix zu „Geometrie des Kreises“

Seite 201 | Aufgabe 1

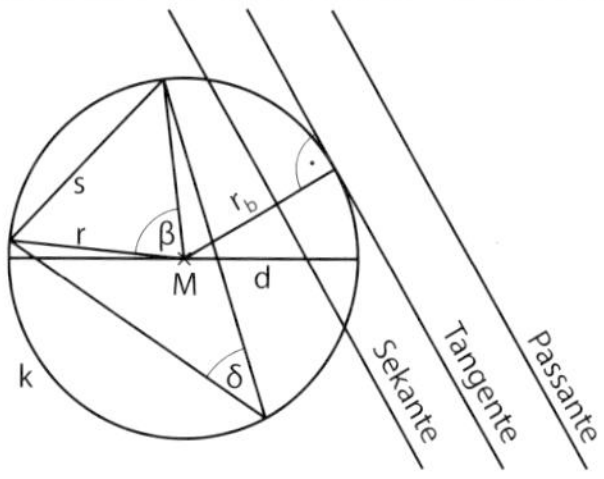

Bezeichnungen:

k	Kreis
M	Mittelpunkt
r	Radius
d	Durchmesser
s	Sehne
r	Berührungsradius (Tangente)
β	Zentriwinkel zu δ
δ	Peripheriewinkel β

Seite 201 | Aufgabe 2

a)

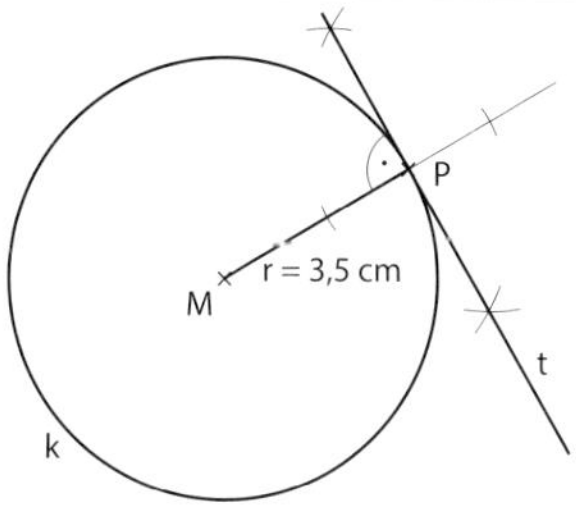

Berührungsradius $\overline{MP}$ zeichnen.
Senkrechte zu $\overline{MP}$ im Punkt P zeichnen.

b)

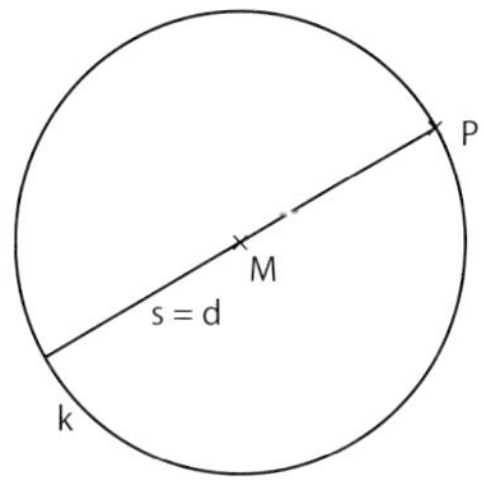

Jeder Durchmesser ist eine Sehne, mit der größten Länge.

c) Ein Kreis hat keine kürzeste Sehne.

Seite 201 | Aufgabe 3

a)

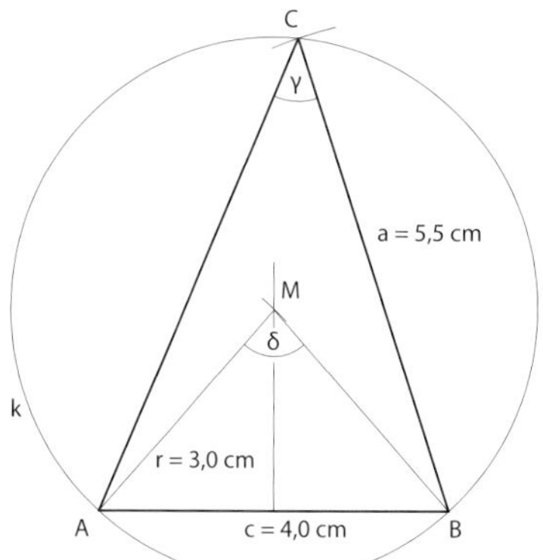

Zuerst den Umkreis mit r = 3,0 cm zeichnen
Dann die Strecken c = $\overline{AB}$ = 4 cm und a = $\overline{BC}$ = 5,5 cm so abtragen, dass der Punkt A, B und C auf dem Umkreis liegen.

b) Peripheriewinkel: $\gamma = 41{,}8°$ Zentriwinkel: $\delta = 83{,}6°$

c) Bei Verschieben des Punktes C ändert sich der Peripheriewinkel γ nicht.
Basiswinkel: $a = b = \frac{1}{2}(180° - 41{,}8°) = 69{,}1°$

Seite 201 | Aufgabe 4

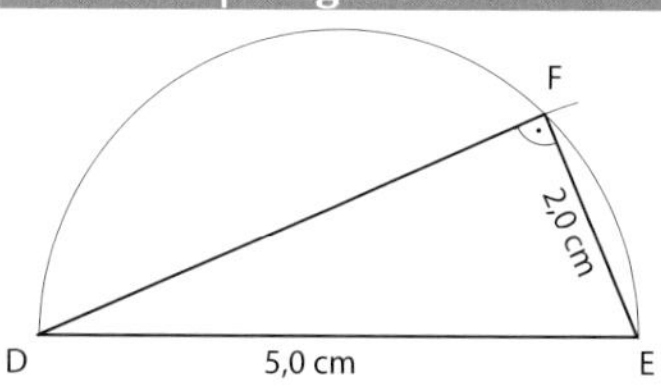

Konstruktionsbeschreibung:

1. Strecke $\overline{DE}$ zeichnen
2. Um Mittelpunkt dieser Strecke einen Kreis k durch die Punkte D und E zeichnen.
3. Um E Kreis mit r = $\overline{EF}$ zeichnen → Es gibt zwei Schnittpunkte mit dem Kreis k. Einen Punkt auswählen und mit F bezeichnen.

Begründung: Das Dreieck ΔDEF ist das gesuchte, denn der Winkel DFE ist ein rechter Winkel nach dem Satz des Thales. Ferner entsprechen die Seiten $\overline{DE}$ und $\overline{EF}$ nach Konstruktion den Vorgaben.

Seite 201 | Aufgabe 5

Der Peripheriewinkel bei C ist ein rechter Winkel (Satz des Thales). Die Gerade g und die Gerade durch B und C sind laut Voraussetzung parallel zueinander. δ und der Peripheriewinkel bei C sind Stufenwinkel an geschnittenen Parallelen, die stets gleich groß sind. → $\delta = 90°$

Aufgabenmix zu „Berechnungen am Kreis“

Seite 201 | Aufgabe 1

Kreis k mit ...	a)	b)	c)	d)	e)	f)
Durchmesser d	11 cm	5,8 dm	4,80 m	7,40 cm	0,32 km	112,84 m
Radius r	5,5 cm	2,9 dm	2,40 m	3,70 cm	0,16 km	56,42 m
Umfang u	34,56 cm	18,22 dm	15,08 m	23,25 cm	1 km	354,49 m
Flächeninhalt A	95,03 cm^2	26,42 dm^2	18,10 m^2	43,01 cm^2	0,08 km^2	1 ha

Seite 201 | Aufgabe 2

a) $u = \pi \cdot 2{,}15\text{ m} + 4{,}30\text{ m} = 11{,}1\text{ m}$

$A = \frac{1}{2}\pi \cdot (2{,}15\text{ m})^2 = 7{,}3\text{ m}^2$

b) $u = \frac{1}{2}\pi \cdot 1{,}6\text{ cm} + 2 \cdot 1{,}6\text{ cm} = 5{,}7\text{ cm}$

$A = \frac{1}{4}\pi \cdot (1{,}6\text{ cm})^2 = 2{,}0\text{ cm}^2$

c) $u_{Kreis} = 2 \cdot 3{,}9\text{ cm} \cdot \pi = 24{,}50\text{ cm}$; $b = \frac{36°}{360°} \cdot 24{,}50\text{ cm} = 2{,}45\text{ cm}$

$u = b + 2r = 2{,}45\text{ cm} + 2 \cdot 3{,}9\text{ cm} = 10{,}25\text{ cm}$; $A_{36°} = \frac{36°}{360°} \cdot \pi \cdot (3{,}9\text{ cm})^2 = 4{,}8\text{ cm}^2$

Seite 201 | Aufgabe 3

a) 85,70 dm^2 b) 84,82 cm^2 c) 14,51 m^2

Seite 201 | Aufgabe 4

Das Seil würde sich im Abstand von 16 cm befinden. Eine Maus passt spielend hindurch. ($2\pi r + 1\text{m} = 2\pi(r + x)$)

Aufgabenmix zu „Körperdarstellungen“

Seite 202 | Aufgabe 1

	a)	b)	c)	d)	e)	f)
Prisma	ja	ja	ja	nein	nein	ja
Grundfläche	Trapez	Rechteck	Fünfeck	Kreis	Rechteck	Rechtwinkliges Dreieck

Seite 202 | Aufgabe 2

Zum Zeichnen des Zweitafelbildes ist die Seitenflächenhöhe der Pyramide konstruktiv zu ermitteln. Sie beträgt rund 4,3 cm.

Pyramidennetz:

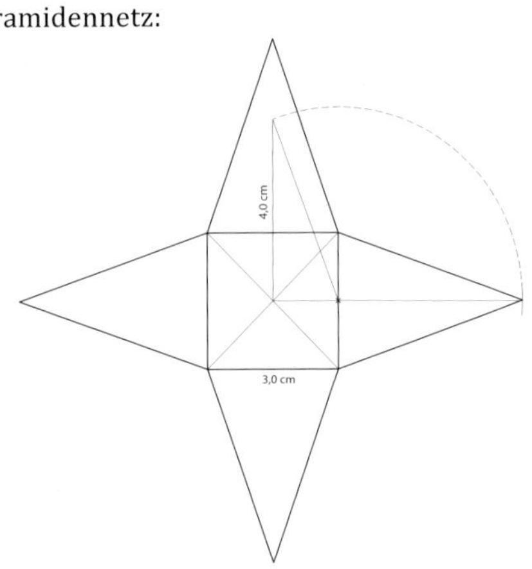

Schrägbild:

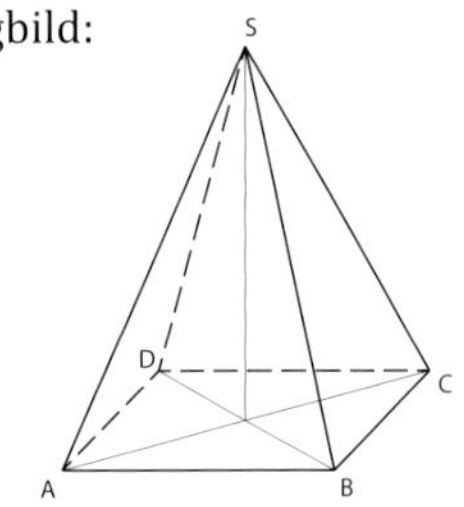

Zweitafelbild:

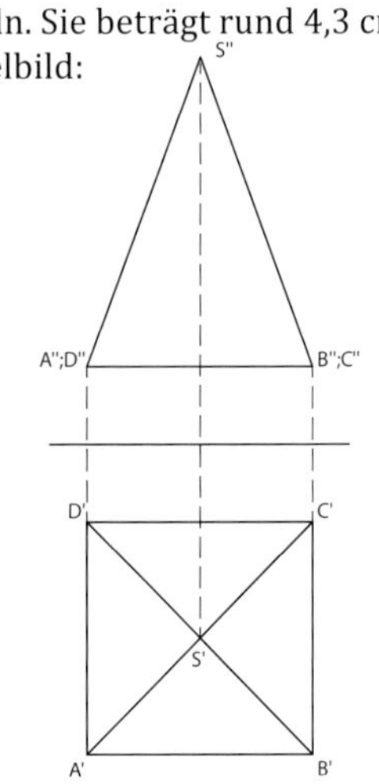

Seite 202 | Aufgabe 3

Im Grundriss (untere Zeichnung) sieht man den Körper von oben. Im Beispiel ist dies ein gleichschenkliges Dreieck.
Im Aufriss (obere Zeichnung) sieht man den Körper von vorn. Im Beispiel einen Kreis. Der abgebildete Körper ist ein Kreiskegel, dessen Grundfläche parallel zur Aufrissebene ist. Da Aufriss und Grundriss einen Abstand von der Rissachse haben, befindet sich der Körper etwas oberhalb der Grundrissebene und etwas vor der Aufrissebene. Die Ordnungslinien (Hilfslinien senkrecht zur Rissachse) verbinden die Bilder der gemeinsamen Körperpunkte im Grund- und Aufriss.

Seite 202 | Aufgabe 4

a)

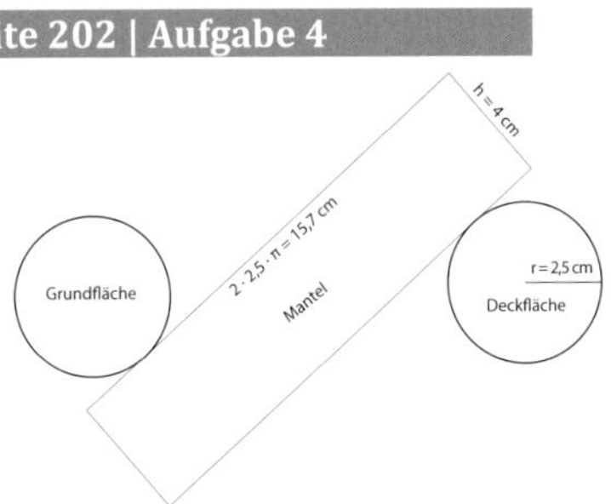

b) Grund- und Deckflächen sind zueinander kongruente Kreise.

Der Zylindermantel ist abgewickelt ein Rechteck mit der Seitenlänge h = 4 cm (Höhe des Zylinders) und der anderen Seitenlänge $2 \cdot 2{,}5 \cdot \pi$ cm= 15,7 cm (Umfang der Grundfläche).

Seite 202 | Aufgabe 5

Die Aussage ist falsch. Wenn beispielsweise der Grundkreis sowohl zur Grundrissebene als auch zur Aufrissebene senkrecht ist, dann sind Grund- und Aufriss jeweils ein Rechteck.

Aufgabenmix zu „Zufällige Ereignisse, Häufigkeiten und Wahrscheinlichkeiten“

Seite 202 | Aufgabe 1

a)

	A	B	C	D	E	F
1	Wertung	sehr gut	ganz gut	nicht so gut	gar nicht	weiß nicht
2	H(A)	46	223	98	66	67
3	h(A)	0,092	0,446	0,196	0,132	0,134

b) Säulendiagramm

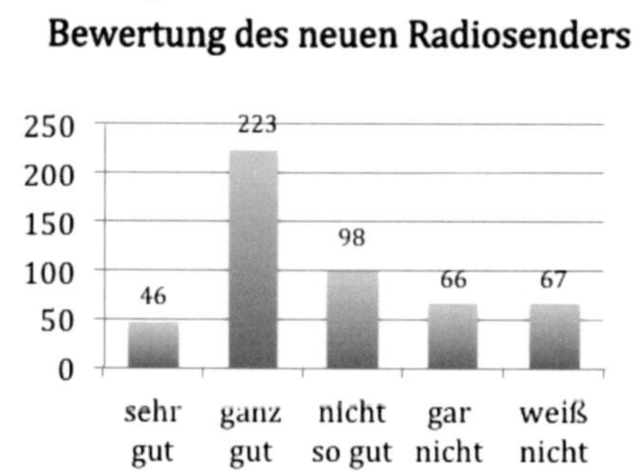

Kreisdiagramm

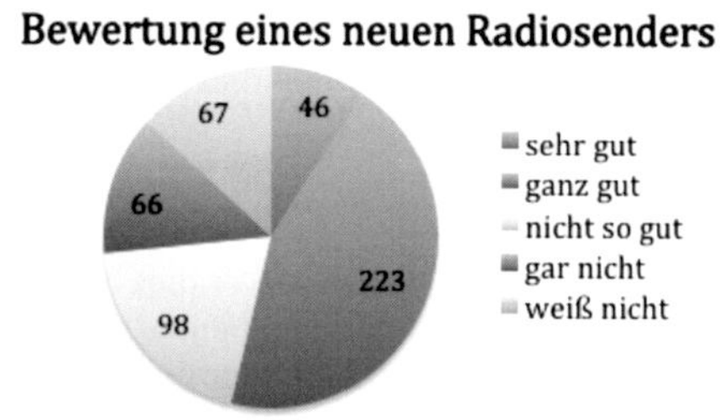

Seite 202 | Aufgabe 2

a) A = {WWZ, WZW, ZWW, WZZ, ZWZ, ZZW, ZZZ}
B = {WWW; WWZ, WZW, ZWW}
C = ∅ D = {WWZ, WZW, ZWW}
E = {WWW, WWZ, WZW, ZWW, WZZ, ZWZ, ZZW}
F = {WWW}

b) $\bar{A}$={WWW} ; Es kommt keine Zahl vor.
$\bar{B}$ = {WZZ, ZWZ, ZZW, ZZZ}; Es kommt mindestens zweimal eine Zahl vor.
$\bar{C}$ = Ω; Es kommen beliebig oft Zahl oder Wappen vor.
$\bar{D}$ = {WWW, WZZ, ZWZ, ZZW, ZZZ}, Wappen kommt mehr oder weniger als zweimal vor.
$\bar{E}$ = {ZZZ}, Zahl kommt mehr als zweimal vor.
$\bar{F}$ = {WWZ, WZW, ZWW, WZZ, ZWZ, ZZW, ZZZ}, Nicht Wappen kommt genau dreimal vor.

c)

	A	B	C	D	E	F
Wahrscheinlichkeit des Ereignisses	$\frac{7}{8}$	$\frac{1}{2}$	0	$\frac{3}{8}$	$\frac{7}{8}$	$\frac{1}{8}$
Wahrscheinlichkeit des Gegenereignisses	$\frac{1}{8}$	$\frac{1}{2}$	1	$\frac{5}{8}$	$\frac{1}{8}$	$\frac{7}{8}$

Seite 202 | Aufgabe 3

a) Es sind 30 Gewinne bereit zu stellen.

b) $\frac{30}{150} = 0{,}2$

Seite 202 | Aufgabe 4

a) Es ist ein LAPLACE-Versuch, denn alle Zifferkombinationen sind gleichwahrscheinlich. ($\frac{1}{10000} = 0{,}0001$)

b) Es gibt 7 derartige Kombinationen. Wenn man die Besonderheit von Lauras Code kennt, findet man mit einer Wahrscheinlichkeit von $\frac{1}{7}$ den Code beim ersten Versuch. Wenn man die Besonderheit von Lauras Code nicht kennt, findet man mit einer Wahrscheinlichkeit von $\frac{7}{10000}$ den Code beim ersten Versuch.

Aufgabenmix zu „Logisches“

Seite 203 | Aufgabe 1

a) (A)

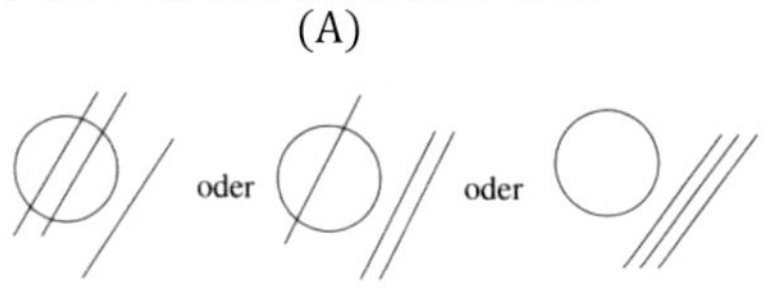

(B)

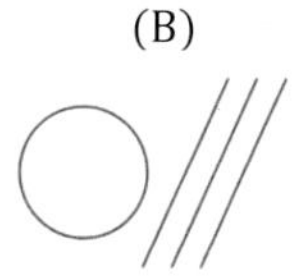

(C)

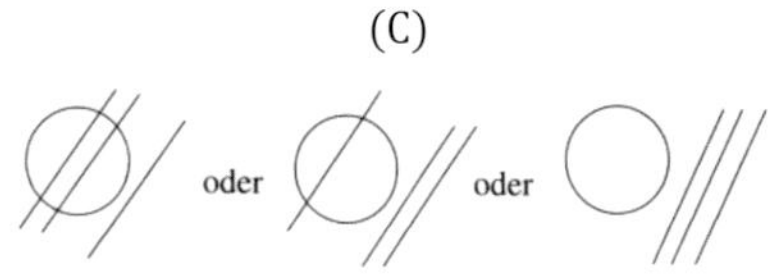

b) Die Aussagen (A) und (C) bedeuten das gleiche.

c) Die gegebene Aussage ist beispielsweise wahr, wenn eine von zwei Geraden den Kreis schneidet. Damit ist sie keine gleichwertige Umformulierung der Aussage (B).

Seite 203 | Aufgabe 2

a) Festlegung b) Aussage c) Festlegung d) Aussage

Seite 203 | Aufgabe 3

a) Kreis, denn Kugel und Kegel sind Körper.
b) Umfang, denn Hektar ist eine Einheit des Flächeninhalts.
c) Relative Häufigkeit, denn sicheres Ereignis und Ergebnis gehören zum geleichen Oberbegriff Ereignis.
d) Stufenwinkel, denn Peripheriewinkel und Zentriwinkel sind Winkel, die nur bei Kreisen vorkommen.

Seite 203 | Aufgabe 4

a) Bei (1) ist stets ist genau eine ganz bestimmte Gerade, genau ein ganz bestimmter Kreis und genau ein ganz bestimmter Punkt P gemeint. Bei (2) ist das eine beliebige Gerade, ein beliebiger Kreis, ein beliebiger Punkt.
b) Bei (1) gibt es einen, aber auch nur einen Schüler, der eine Aufgabe nicht gelöst hat, während Aussage (2) auch wahr ist, wenn es mehrere Schüler sind.
Hinweis: In der mathematischen Fachsprache bedeutet die Formulierung „ Es gibt eine (Zahl) ...“ stets, dass es mindestens eine (Zahl) gibt, es können auch mehrere sein. In der Alltagssprache wird zwischen „ein“ und „genau ein“ meist nicht unterschieden.

Aufgabenmix zu „Existenzaussagen und Allaussagen“

Seite 203 | Aufgabe 1

a) Wahr, denn jedes Dreieck hat einen Umkreis
b) Wahr, denn beispielsweise ist das Quadrat auch ein Trapez und ein Quadrat hat einen Umkreis.
c) Falsch, denn es gibt Trapeze, die keinen Umkreis haben.
d) Falsch, denn die Umkeismittelpunkte stumpfwinkliger Dreiecke liegen immer außerhalb der Dreiecke.
e) Wahr, denn ein Quadrat ist auch ein Drachenviereck und hat einen Umkreis.

Seite 203 | Aufgabe 2

Aussagen aus dem Alltag:

Wahre Allaussage:	Alle Kinder in Deutschland können eine Schule besuchen.
Falsche Allaussage:	Jeder Schüler kommt mit dem Schulbus.
Wahre Existenzaussage:	Es gibt Menschen, die größer als 2 m sind.
Falsche Existenzaussage:	Es gibt in Sachsen-Anhalt einen Berg, der höher als 1500 m ist.

Aussage zu einem mathematischen Sachverhalt:

Wahre Allaussage:	Alle rechtwinkligen Dreieck haben genau zwei spitze Winkel.
Falsche Allaussage:	Zwei beliebige Tangenten an einem Kreis schneiden sich immer in genau einem Punkt.
Wahre Existenzaussage:	Es gibt zwei Tangenten an einem Kreis, die sich nicht schneiden.
Falsche Existenzaussage:	Es gibt mindestens zwei gerade Primzahlen.

Seite 203 | Aufgabe 3

a) Das Quadrat wird in vier zueinander kongruente, gleichschenklige Dreiecke zerlegt, deren Basiswinkel jeweils 45 ° sind. Folglich sind die Winkel im Schnittpunkt der Diagonalen rechte Winkel.
b) *Beispiel:* Wenn ein Viereck ein Quadrat ist, dann sind die Diagonalen senkrecht zueinander.
c) Umkehrung: Wenn in einem Viereck die Diagonalen senkrecht zueinander sind, dann ist das Viereck ein Quadrat. Die Umkehrung ist falsch, denn in einem Drachenviereck sind die Diagonalen ebenfalls senkrecht zueinander.

Seite 203 | Aufgabe 4

a) *Gegenbeispiel:* Eine Tangente hat nur einen Punkt mit dem Kreis gemeinsam.
b) *Beispiel*: Eine Gerade und ein Kreis schneiden einander nicht immer in zwei Punkten.
c) Eine Aussage ist entweder wahr oder falsch. Wenn eine Aussage A wahr ist, dann ist die Verneinung der Aussage A, „Es gilt nicht A.“ falsch. Beispielsweise ist die Aussage in b) wahr und ihre Verneinung in a) wahr.

Schlussfolgern, Begründen, Beweisen

„Argumentieren in kleinen Schritten“

Seite 204 | Aufgabe 1

a) (1) $\alpha + \delta + \gamma + \varphi = 180°$ Innenwinkelsatz für Dreiecke.
(2) $\alpha = \gamma$ Basiswinkel im gleichschenkligen Δ ACM sind gleichgroß.
(3) $\delta = \varphi$ Basiswinkel im gleichschenkligen Δ BCM sind gleichgroß.

b) Nach (1): $\alpha + \delta + \gamma + \varphi = 180°$
(2) einsetzen: $2\gamma + \delta + \varphi = 180°$
(3) einsetzen: $2\gamma + 2\varphi = 180°$
$2(\gamma + \varphi) = 180°$
$\gamma + \varphi = 90°$

Seite 204 | Aufgabe 2

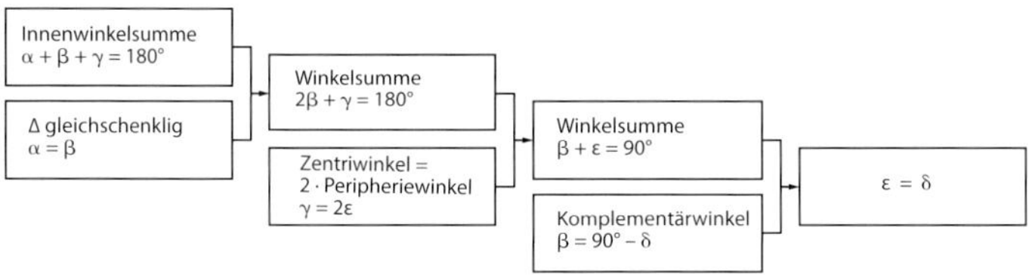

„Vermuten ist gut – Beweisen ist besser“

Seite 204 | Aufgabe 3

a) Für einen kleinen Kreis gilt: $A_{klein} = \frac{1}{4}\pi \cdot \left(\frac{d}{2}\right)^2 = \frac{1}{4}\pi \cdot \frac{d^2}{4}$

Für beide kleinen Kreise gilt: $A_{weiß} = 2 \cdot \frac{1}{4}\pi \cdot \frac{d^2}{4} = \frac{1}{8}\pi d^2$

Für die blaue Fläche gilt: $A_{blau} = \frac{1}{4}\pi d^2 - \frac{1}{8}\pi d^2 = \left(\frac{1}{4} - \frac{1}{8}\right)\pi d^2 = \frac{1}{8}\pi d^2$

b) Die Fläche der beiden weißen Kreise ist gleich der blauen Fläche des großen Kreises. Somit hat ein weißer Kreise einen Flächeninhalt der einem Viertel des Flächeninhaltes des großen Kreises entspricht.
Verhältnis vom Flächeninhalt des kleinen Kreis zum großen Kreis: 1 : 4

Seite 204 | Aufgabe 4

a) David hat Recht. Sein Beispiel stellt keinen Beweis dar, sondern nur eine wohlbegründete Vermutung für seine Behauptung.

b) Länge des großen Halbkreises: $l_{gr} = \frac{a}{2} \cdot \pi$

Summe der Länge der vier kleinen Halbkreise: $4 \cdot l_{kl} = 4 \cdot \frac{a}{8} \cdot \pi = \frac{a}{2} \cdot \pi$

Die Länge der vier kleinen Halbkreise ist gleich der Länge des großen Halbkreises. Damit ist nachgewiesen, dass die Länge der Strecke a für die Gleichheit der Länge des großen Halbkreises über a mit der Länge von vier Halbkreisen auf der Strecke a keine Rolle spielt.

c) *Vermutung:* Auf Grund der Beweisführung unter b) ist anzunehmen, dass die Anzahl kleiner Halbkreise keine Rolle spielt und die Länge des großen Halbkreises gleich der Summe der Länge der 10 kleinen Halbkreise ist.

d) $l_{gr} = \frac{a}{2} \cdot \pi$; $10 \cdot l_{kl} = 10 \cdot \frac{a}{20} \cdot \pi = \frac{a}{2} \cdot \pi \rightarrow l_{gr} = 10 \cdot l_{kl}$ (allgemein: $n \cdot l_{kl} = n \cdot \frac{a}{n \cdot 2} \cdot \pi = \frac{a}{2} \cdot \pi$)

Erwartungsgemäß wird die Vermutung bestätigt, dass die Summe der Längen der kleinen Halbkreise unverändert bleibt bei Änderung der Anzahl von Halbkreisen und gleich der Länge des großen Halbkreises ist

„Vierecke mit einem Umkreis“

Seite 205 | Aufgabe 1

a) Bespiele für Vierecke mit Umkreis: Rechteck; Quadrat
Bespiele für Vierecke ohne Umkreis: Parallelogramm (das kein Rechteck ist), Drachenviereck (das kein Quadrat ist)

b) Es muss einen Umkreismittelpunkt geben. Der kann nur der Schnittpunkt der Mittelsenkrechten der Viereckseiten sein. Da zwei Geraden sich immer schneiden, ist auch die dritte und die vierte Mittelsenkrechte zu konstruieren.

Seite 205 | Aufgabe 2

a) Die Vermutung wird erhärtet.

b) Der Nachweis ist auf der Seite 200 im Schülerbuch geführt.

c) *„Wenn-so-Form“ des Satzes:*
Wenn ein Viereck ein Sehnenviereck ist, dann ist die Summe der gegenüberliegenden Innenwinkel 180°.
Umkehrung des Satzes:
Wenn in einem Viereck die Summe gegenüberliegender Innenwinkel 180° ist, dann ist das Viereck ein Sehnenviereck. (Diese Umkehrung ist eine wahre Aussage, wie man beweisen kann.)

Seite 205 | Aufgabe 3

Vermutung: $a \cdot c = b \cdot d$

„Vierecke mit einem Inkreis“

Seite 205 | Aufgabe 4

a) Zeichne einen Kreis k um den Mittelpunkt M mit beliebigem Radius. Lege auf dem Kreis vier Punkte E, F, G und H fest, die Berührungspunkte von vier Tangenten sein sollen. (Damit kein spezielles Viereck, beispielsweise ein Quadrat entsteht, sollten diese Berührungspunkte ungleichmäßig auf dem Kreis verteilt werden.) Zeichne jeweils die Berührungsradien ein und konstruiere Senkrechten zu den Berührungsradien durch die Berührungspunkte. Das sind Tangenten an den Kreis k. Die Schnittpunkte der Tangenten ergeben die Eckpunkte eines Vierecks A, B, C und D, das den Inkreis k hat.

b) Die Winkelhalbierenden der Innenwinkel müssen sich in genau einem Punkt schneiden.

c) Quadrate haben immer einen Inkreis. Der Schnittpunkt der Diagonalen ist der Inkreismittelpunkt. Die Berührungspunkte sind die Mittelpunkte der Quadratseiten. Beliebige Rechtecke, Parallelogramme und Drachenvierecke haben keine Inkreise. Begründung: siehe b)

Seite 205 | Aufgabe 5

Vermutung: $a + c = b + d$

Seite 205 | Aufgabe 6

a) Die beiden Dreiecke sind zueinander kongruent nach SsW.
- Die gemeinsame Seite $\overline{AM}$ liegt jeweils einem rechten Winkel gegenüber (Tangente und Berührungsradius stehen senkrecht aufeinander.)
- $\overline{MS} = \overline{MP}$ (Radien)

b) Folgende Dreiecke sind zueinander kongruent: Δ BPM und Δ BQM, Δ QCM und Δ CRM, Δ RDM und Δ DSM

c) Aus der Kongruenz der Dreieckpaare folgt: $\overline{AS} = \overline{AP}$; $\overline{PB} = \overline{BQ}$; $\overline{QC} = \overline{RC}$; $\overline{SD} = \overline{DR}$
Daraus folgt, dass die Gleichung eine wahre Aussage ist.

Interessantes und Kniffliges

Seite 206 | „Steckbrief ..."

Die drei Grundrisse ein und desselben Körpers sind durch unterschiedliche Lagen des Körpers zur Grundrissebene entstanden. Die gegebenen drei Risse zeigen also den Körper einmal von oben, von vorn und von der Seite. Von einer Seite sieht er aus wie ein Quadrat, von einer Seite wie ein Kreis und von der dritten Seite wie ein Dreieck. Die Seitenlänge des Quadrates ist gleich dem Durmesser des Kreises. Das Dreieck ist gleichschenklig, wobei die Basis und Höhe des Dreiecks so lang wie eine Quadratseite sind. Der Körper ist ein Kreiszylinder, von dem zwei zueinander kongruente Teile abgeschnitten wurden. Die Höhe des Kreiszylinders und der Durchmesser der Grundfläche sind gleich groß.

Seite 206 | „Möndchen ..."

Flächeninhalt des Quadrates: $A_Q = a^2$

Flächeninhalt der vier Halbmöndchen: $A_M = (a^2 + 2\cdot\frac{\pi}{4}a^2) - \frac{\pi}{4}\left(a\sqrt{2}\right)^2 = a^2$

Seite 206 | „Einbrecher..."

Uwe Flink hat die Tankstelle überfallen. (Die Aussage von Fritz Knack ist wahr.)

Seite 206 | „Eine Zahlen ..."

Egal welche dreistellige Zahl (deren Ziffern verschieden sind) verwendet wird, stets erhält man am Ende die Zahl 495.
Man nennt diese Zahl zu Ehren des indischen Mathematikers, der diese Eigenschaft im Jahr 1949 fand, Kaprekarzahl.
Das Verfahren funktioniert auch für vierstellige Zahlen; dann ist die Kaprekarzahl 6174

Seite 206 | „Magische ..."

Beispiele:

a)

1	14	15	4
12	7	6	9
8	11	10	5
13	2	3	16

b)

11	24	25	14
22	17	16	19
18	21	20	15
23	12	13	26

Seite 206 | „Türme ..."

a) Für n = 3 ergeben sich 6 solche Möglichkeiten:

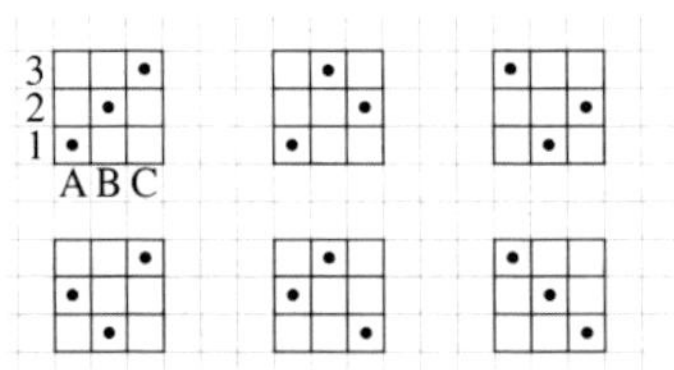

Systematisches Vorgehen ist wichtig.
Den 1. Turm auf Feld A1 setzen Für den 2. Turm bleiben dann nur die Felder B2, B3, C2, und C3.
Setzt man den 2. Turm auf B2, dann bleibt für den 3. Turm nur C3.
Setzt man den 2. Turm auf C2, dann bleibt für den 3. Turm nur B3.
Es gibt also für den Fall, dass der Turm auf A1 steht, zwei Möglichkeiten.

Setzt man den 1. Turm auf B1, dann ergeben sich in analoger Weise wieder zwei Möglichkeiten, entsprechend, wenn der 1. Turm auf C1 gesetzt wird. Insgesamt also $3 \cdot 2 = 6$ Möglichkeiten.

b) Für n = 4 ergeben sich 24 Möglichkeiten $(4 \cdot 6 = 24)$, weil beim Setzen des 1. Turmes auf ein Feld nur noch 3x3 Felder für die restlichen drei Türme übrigbleiben, wofür es 6 Möglichkeiten gibt. (Siehe Aufgabe a.)

c) Entsprechend gibt es für fünf Türme 120 Möglichkeiten $(5 \cdot 24 = 120)$.